浪花朵朵

原来可以这样看建筑

英国人生学校出版社 编著
丁侠逊 译

海峡出版发行集团 | 海峡书局
THE STRAITS PUBLISHING & DISTRIBUTING GROUP

人生学校

目录

走进建筑

你是一位建筑师

建筑是关于设计建筑物的事务，比如房子、街道、小镇，还有城市。假如有人问你：“你对建筑感兴趣吗？”你也许不知道该怎么回答。不过，虽然你可能还没意识到，但你其实已经对建筑感兴趣好长一段时间了。也许曾经的某一天，你在海滩上造了一座宏伟的沙子城堡，每个角上都有一座瞭望塔。

莫罗斯特兰德州立海滩上的沙堡，美国，加利福尼亚州

或者，你小时候用红色和黑色的砖块搭了一间小屋。要不就是，你画过自己梦想中的家，它没有楼梯，取而代之的是一头连着泳池的滑滑梯。

又或者是，有一天你用毛毯和被子搭了一座堡垒，然后你打算整个下午都待在里面。（挺不错的主意，但当你想站起来时就没那么好受了！）或许还是，你一直梦想拥有的一间完美的树屋。

加拿大，魁北克省，完美的树屋

你已经在不知不觉中设计了不少房屋：你是一位建筑师！

你已经懂得建筑中最重要的事是：知道自己喜欢哪类建筑物，不喜欢哪类建筑物。

或许有一次在郊外，你被一幢很有意思的房子吸引了，就像这幢。它似乎是一个很不错的住所，睡在茅草铺的屋顶下一定很好玩！在冬天，一想到家里那么温暖舒适，你就会感到很幸福。

英国，萨默塞特郡，塞尔沃西，19世纪初

可一想到要住在这座房子里，你就感觉有点难过了：

比利时某处市郊的房子，19/20世纪

也许你曾去希腊度假，看到这样一条街：

希腊，米科诺斯岛

这是你从旅馆走到海滩的必经之路。虽然阳光很强烈，但街上却阴凉舒适。街角还有一家卖冰激凌的小店。

晚上，住在这条街上的人们会坐在阳台上，或是走到街上和邻居闲聊。

然后想象一下，有一次你不得不来这样一个地方：

希腊，雅典市

这儿又拥挤又吵闹，甚至还有点吓人——不是晚上闲逛的好去处。

还有，或许你的爸爸妈妈给你看过一张老照片，是一张在你出生前他们在欧洲居住过的城市的照片。他们住在这样一条街上的顶层公寓里：

奥地利，维也纳

那是一条挺繁忙的街道，街上有很多行道树和五花八门的商店。他们还说，住在市中心离所有的朋友都很近，这是一种很有意思的体验。不管去哪儿，走几分钟就到了。虽然所有的房屋都挤在一起，但如果你仔细看，会发现每座建筑都挺美的。

可是他们又给你看了另一张照片，是他们出差的时候拍的：

美国，纽约市

他们说那里没几幢漂亮的楼房（在宾馆附近更是一幢都没有），而且，省省力气吧，别试图过马路了，因为要等的时间太长了。事实上，在那里你很难步行去别的地方。你必须搭出租车，然后被堵在路上。

换言之，你意识到有些地方比别的地方宜人多了。

令人沮丧的是，大多数建筑物都不好看，只有极少数建筑物和城镇称得上迷人。这种情况十分不公平，也完全不该如此。

在这本书里，我们将讨论是什么使一些城镇格外美丽。我们不是为了讨论而讨论，相反：

我们想要了解，如何将更多优质建筑带到这个世界。

日本，京都

但我们不只是想了解。了解如何打造美好的建筑和城镇只是真正打造更多美好城镇的第一步。后者才是真正的目标。然而，我们仅靠自己无法完成这个目标。我们需要你的帮助！你，加上我们，我们将一起建造一个更美丽的世界。

建筑为什么重要

一个地方的外观重要吗？如果大多数人都有居住和工作的场所，可以四处走动，还有商店、医院和学校，这还不够吗？

我们认为一个地方的外观关系重大。

一个原因是，建筑会向我们讲述一些东西。不是真的开口说话，而是比喻意义上的——向我们传达信息。

美丽的建筑就好比是在讲述美好的事物，比如善良、希望和信任。丑陋的建筑则像是在谈论仇恨、敌意和龌龊。想象你所处的地方在对你说话。它在说什么呢？

你最喜欢的希腊街道也许会说类似这样一番话：

我温柔有趣，很招人喜欢。我很在乎你。正因如此，我想让你拥有一个可爱的阳台，你可以坐在阳台上和人聊些有趣的事儿。我希望你可以沿街闲逛，而不用担心某辆车会撞到你。我内心柔软。我相信友谊。我喜欢人们从他们的窗口向你招手的感觉。我认为内心平静很重要。这就是为什么我的颜色让人情绪舒缓：我不想让你感到焦虑不安。我希望你在这里能开开心心的。

相比之下，你妈妈出差去的那个地方可能会说：

比起你，我更在乎汽车；我很关心广告，所以我会让你在人生中的每一天都不得不看到一块巨大的广告牌，即使你压根儿就不想买它在兜售的那种产品。心情不好对我来说是家常便饭。你的那点伤心事和烦恼对我来说无关紧要。嗯，人生很艰难，但跟我没关系。我不知道你是谁，也没兴趣知道。

你也许没有意识到街道无时无刻不在向你传达信息，但这些信息确实会渗入你的大脑深处。

像人一样，一座建筑、一座城镇、一个街区可以是友善或怀有敌意的，体贴或冷漠的，慷慨或吝啬的。如果你在这些地方待上一段时间，它终将对你的自我认同产生巨大影响。一个有趣的人[1]曾如是说：

我们塑造了建筑，而建筑也影响着我们。

1 曾在20世纪担任英国首相的温斯顿·丘吉尔。

为什么说建筑就像人一样

对我们说话的不止有街道——每座建筑都有自己的性格。让我们来认识一些不同类型的建筑，思考它们的性格气质。

你觉得这座老房子可能会有什么样的性格？

萨克维尔之家，英国东格林斯特德，约1520年

它温馨舒适，有点像旧旧的玩具泰迪熊。它不会提供多少惊险刺激，但在你感觉累了或有点难过时，它就再好不过了。它会安静地倾听你的烦恼，而且它总是待在原处守候着你——令人感到宽慰放松。

这座建筑呢？

绿色化学未来大楼，澳大利亚克莱顿，2015年

这座建筑给人的感觉是横冲直撞，而且它老想吸引你的注意，跟你大谈特谈它自己（即使你并不想听）；它好像总在大声嚷嚷：

各位观众，看我！看我啊！

日本的这间小屋子十分宁静。如果你在学校挨过了忙碌而艰难的一天，那么坐在游廊里享受四周花园的陪伴就是一件非常美妙的事。哪怕下雨也不要紧，因为宽大的屋檐会保护你。

兼六园内桥亭茶室，日本金泽市，1774年

它使人宽心，不会问你一大堆问题，比如数学课上发生了什么，或是你把运动鞋放在哪儿了。相反，它可能会说：

进来吧，请坐。我们一起喝一杯茶。

这座摩天大楼看上去会直接无视你：它不会跟你打招呼，问你吃饭了吗，最近怎么样。

LIM 中心摩天大楼万豪酒店，波兰华沙，1989 年

如果你对这座大楼说话，它会假装没有听到，哪怕你真的跟它说上了话，你们的对话也会十分无趣。

这是一座气度不凡的建筑——它组织有序，坚决果断，彬彬有礼。

莫瑞泰斯皇家美术馆，荷兰海牙，1641年

假如你们一起旅行，这座建筑会留出充分的时间提前到达机场，它绝不会忘记任何一个人的护照。它用不着紧张焦虑，因为一切都在它的掌握之中。它可能会说：

来吧，我们来做作业，做好就不用为它发愁了。

下页的房子是萨伏伊别墅（以最早搬入的住户的姓氏萨伏伊命名）。它建于 1930 年左右，由一位叫作夏尔－爱德华·让纳雷的瑞士裔法国建筑师设计，不过他更广为人知的是“勒·柯布西耶”这个称号。

它看上去有点像一艘宇宙飞船，在地球表面低低地盘旋，像要准备着陆，或是正要开启一场非凡的冒险。这座房子喜欢做实验，尝试新事物：

萨伏伊别墅，法国普瓦西，1931年

这座房子不怎么样，却想让你觉得它很了不起：

一栋“巨无霸豪宅”，美国密苏里州，20世纪

它到处跟人吹嘘，尽管它没多少值得炫耀的东西。它热衷于跟你念叨它有许多辆车，因为它（暗暗地）感觉到你大概不喜欢它。

这座苏格兰城堡却在对我们说着截然不同的话：

艾琳·多南城堡，苏格兰（英国），13世纪

它建于数百年前，它勇敢而强大，却一点儿也不令人惧怕——事实上，它完全是恃强凌弱者的反面，因为它会用自己的力量让你感到很安全。如果有人骚扰你，它一定会为你挺身而出。

下面这座建筑的名字你可能已经猜到了：

玻璃屋，美国康涅狄格州，1948-1949年

玻璃屋是美国建筑师菲利普·约翰逊1948年设计的自住房。它的每面墙都是玻璃做的，因此，无论你在屋内往哪个方向看，都能看到外面的青草地和大树。不过，他不得不在屋子中央建一堵环形的墙——以便把盥洗室隐藏起来。

这座房子喜欢让一切都清清楚楚——如果有什么事情让你发愁，它会帮你找到问题根源，并想出应对之策。它既不严厉，也不好管闲事：它是站在你这一边的。它知道，只要你不惊慌失措，只要你慢慢来，仔细思考，你就能找到大部分令人讨厌或苦恼的问题的理想答案。

每座建筑的每个部分也有各自的性格。假如这扇窗是一个人，它会是怎样一个人呢？

乔治·伊斯曼博物馆，美国纽约州，1905年

这组以常春藤为画框的窗户十分友好，但或许有点害羞：中间的部分向外拱，但只拱出一点点。就好像窗户想跟你打招呼，但它这会儿对自己有些不自信。它很可爱，也很谦虚。

这扇窗户就很不一样了。它建于 18 世纪的俄国：

圣尼古拉斯海军大教堂，俄罗斯圣彼得堡，1753–1762 年

它拥有令人兴奋的性格——非常健谈，脑子里充满奇思妙想。它不喜欢静静待着，会很容易感到无聊或坐立不安。这扇窗户不想一动不动地坐着，或是在电视机前度过一个温馨舒适的夜晚；相反，它想出去参加派对，彻夜舞蹈，尽情玩乐。

20 世纪 20 年代，一位名叫路德维希 · 维特根斯坦的著名哲学家协助他的姐姐玛格丽特 · 斯通博洛－维特根斯坦设计了这座位于维也纳的房子。

维特根斯坦住宅，奥地利维也纳，1928 年

维特根斯坦花了很长时间才把窗户设计成他想要的样子。像哲学家本人一样，它们十分严肃，常常陷入沉思。这些窗户不喜欢大惊小怪——它们只想埋头干活，把事做好，对闲聊寒暄什么的一律不感兴趣。它们非常坦率诚实。

这是苏格兰一座著名建筑山丘庄园（因为它建在一座小山上）的一部分。它于1900年左右由查尔斯·雷尼·麦金托什设计，建筑师想让住宅拥有现代化的外观，内部则要温馨舒适。房子的主人是一位叫作沃尔特·布莱基的先生，他是一位儿童图书出版商。

山丘庄园，苏格兰海伦斯堡，1902–1904年

这扇窗户毫不介意独自待着；事实上，有时候那恰恰是它最喜欢的状态——虽然它也会感到孤独。它喜欢眺望群山，想象自己是一只鸟，或是乘船在遥远的大海上航行。

每见到一座建筑，你都可以问自己一系列非常有用的问题。第一个问题：

这座建筑是什么类型的人？

第二个问题：

假如这座建筑在对我说话，它说的话是关于什么的呢？

与建筑打交道就像与人打交道。你的身边是善良有趣的人，还是冷漠无趣的人，两者之间有着天壤之别。善良的人能帮助你增强你最好的特质：与他们做伴，你可以获得良好的成长与发展。反之，想象一下如果你大部分时间都和刻薄的人待在一起，那样的话，你会很难做自己，会常常感到焦虑、过度警惕、忧心忡忡。

我们发现，建筑物和城镇街区可以是友好的或不友好的，善良的或刻薄的。正因如此，我们打造什么样的景观才如此重要。

试着想象这样一个世界：在这个世界里，有更多的建筑在向我们讲述最美好的事物。

为什么这么多地方都如此丑陋

很多建筑和很多地方都十分难看。它们就像不友善的人，在向我们传递不友好的信息。为什么它们的数量如此之多呢？

如果你问一个大人为什么世界上有这么多难看的建筑，他们可能会说：

因为打造好看的地方成本太高。

这听上去很有道理。确实，好东西常常价格不菲。不是每个人都能拥有顶级豪车，因为豪车十分昂贵。豪华宾馆当然很棒，但不是每个人都能住得起，因为价格太高了。所以，可能建筑也是这样的。也许只是因为好看的建筑建造成本太高，我们负担不起建太多好看的建筑。

但就建筑而言，这算不上是很好的答案。其实，最迷人的一些建筑就是由没多少钱的人建造的。第 4 页上的那条蓝白相间的希腊街道，最初就是为了让穷人有地方住而建的。它属于廉价住房，但也十分美观。

你也可以这么看：设想一下，你给了两个人相同数量的塑料积木，请他们搭建一座房子：

积木——你会用它们搭建什么样的房子？

其中一个人可能会交出一份令人惊艳的答卷，而另一个人的设计可能会让你大失所望。差别不在于他们用了多少积木，而在于他们的想法是否巧妙。好的想法并不会耗费更多钱。

或者，大人可能会说：

好看的地方之所以好看是因为它们有些年头了。难看的地方难看的原因是它们还很新。我们对此无能为力，只能等待。也许 2235 年的人会觉得我们那些高楼林立的繁忙道路和购物中心很美，还会特地安排时间去参观呢。

这也不是令人满意的答案。新的建筑、新的街道或新的城市不可能很美，要过很多很多年才会变美——这逻辑完全说不通。这就好比声称如今不可能制造出漂亮的鞋子或漂亮的汽车，也不可能写出美妙的歌曲——但很显然我们是可以做到的。为什么偏偏只有美丽的建筑是我们无法创造的呢？而且不管怎么说，我们马上就会发现，美轮美奂的现代街道和建筑多得很。

我们认为另有真正的答案。世界上有这么多难看的地方，是因为人们错误的理念造成的。建筑的美丑之差与其造价或建成的年代无关。“好看”与“难看”的差别在于人们如何看待建筑。

这就是本书的主旨。我们将一起寻找如何建造的优秀理念。我们想弄清楚，哪些理念可以催生令人称绝的建筑和美丽的地方。本书每一章都将探讨一个关于建筑的重要理念。接下来我们就会逐一讨论每个理念，但首先，我们得琢磨一个导致难看的街道和城镇出现的大错误：

我们认为自己说不清“美”是什么。

也许大家还不清楚，为什么这是一场灾难。所以我们要先花点时间来考虑这是为什么……

美是什么

如今，问及关于美的问题似乎显得很奇怪。如果你问一个成年人或是一位建筑师，是什么构成了一座建筑或一座城市的美，他们可能会坐立不安，面露难色，说他们也不确定。或者，他们可能会说每个人对于美都有各自的看法，我们不可能断言哪种是最好的或是正确的。所以，也许我们不谈论美会比较好。

虎穴寺，不丹帕罗山谷，17世纪

对如今的很多人来说，这好像是一个顺理成章的回答，但其实在人类历史上的大部分时期（以及在世界上许多不同的地方），人们对于建筑之美有着一致的看法。比如，在欧洲和北美洲历史上的大部分时期，人们都认为如果想建造一座漂亮的建筑、一条漂亮的街道或是一座漂亮的城市，你只需要遵循古典主义建筑的规则。但这是什么意思呢？

最早是在 1400 年左右的意大利，人们开始观察他们周遭的世界，问自己最喜欢世界上的哪些建筑。他们最后选出的都不是建于那个时期的建筑。相反，他们更喜欢古典时期——也就是古罗马统治着世界上很多地方的年代——保存下来的古老建筑和遗迹。然后，他们建造了与古代建筑十分相似的建筑物。他们称之为“古典主义”建筑，因为他们从“古典”时期吸取了经验。

以下是他们尤其欣赏的一些古罗马建筑，以及以它们为原型的一些新建筑。

第一个例子是一座位于法国南部城市尼姆的神殿，建于公元 2 世纪，因其合乎逻辑的设计和一气呵成、刚劲有力的线条而受到人们称赞。古罗马人建了很多神殿，外形都和这座差不多。

方形神殿，法国尼姆，公元2世纪

下面这座教堂位于巴黎，于19世纪40年代落成。它几乎是方形神殿的翻版——只不过大了许多。

玛德莲教堂，法国巴黎，1842年

下图呈现的是一座大型行宫的遗迹，它坐落在罗马城郊，是在公元 2 世纪为罗马皇帝哈德良建造的。人们特别喜欢其中有一列圆柱沿着池塘温柔地连成一条曲线。

哈德良别墅，意大利蒂沃利，约公元 2 世纪

这条美丽的曲线会让你感觉有点像被拥抱着一样。

下图中的廊柱（有顶盖的一排柱子）点缀着罗马圣彼得广场，是一位叫作乔瓦尼 · 洛伦佐 · 贝尼尼的建筑师在 17 世纪建造的：

圣彼得广场，意大利罗马，1656–1667 年

如果你看仔细些，就可以看出它们是以哈德良别墅的曲线柱列为原型的。

从公元 2 世纪留存下来的另一个例子是罗马的万神庙（Pantheon）。“Pan”是古希腊语里“所有，全部”的意思——这可能有些令人费解，但古希腊语是受过良好教育的古罗马人喜欢使用的语言。

万神庙，意大利罗马，公元 2 世纪

这座圆形带穹顶的建筑原本是为了供奉罗马诸神而建的，但自 7 世纪以来，万神庙一直被用作天主教堂，供奉“圣玛利亚与殉道者们”。

下图是美国弗吉尼亚大学最重要的建筑。它被称为“Rotunda”，意为圆形建筑或房间。另一个例子是本书第 99 页上的圣保罗大教堂。

弗吉尼亚大学 The Rotunda 圆顶建筑，美国弗吉尼亚州，1822-1826 年

它是由托马斯·杰斐逊在 19 世纪 20 年代设计的。杰斐逊曾在 1801 年至 1809 年担任美国总统，他希望这座大楼拥有万神庙的外观。

不过，杰斐逊的这座建筑不是用作庙宇，而是用来收藏书籍的，这一点很不寻常，因为在那个时期，英语世界的其他大学通常是把书籍存放在教堂里的。

公元 4 世纪，人们在罗马中心建了这座拱门，用来庆祝一场重要战役的胜利。

君士坦丁凯旋门，意大利罗马，约公元 315 年

后来，人们十分欣赏这座纪念碑所展示出的平衡与和谐感。他们格外喜欢的是，侧面两道拱门的顶端刚好达到中央拱门起拱线[1]的高度。

下一页上的庞然大物建于 18 世纪 60 年代的英国。弧形阶梯上方的房子中央部分正是参照罗马的君士坦丁凯旋门而设计的。

1 即拱门开始弯曲的点。

凯德尔斯顿庄园，英国德比郡，1765年

古典主义建筑遵循同样的原理，就像你在烹饪书中找到的食谱。

以玛格丽特比萨饼（也许是世界上最受欢迎的比萨饼口味）的食谱为例，面饼上的馅料是用番茄、马苏里拉奶酪和罗勒叶做的。1889 年，就有这样一个比萨饼被端到意大利国王和王后面前。王后的名字是玛格丽特，厨师因此恭恭敬敬地用她的名字为比萨饼命名。故事原本可以在此结束——不会再有第二个配料完全相同的比萨饼——但有人记下了食谱。这就意味着任何人都可以把它抄下来。如果你遵循食谱，在家就可以做出同样的比萨饼，什么时候想吃就什么时候做。

古典主义建筑也是这样使用“食谱”或者说配方的。有很多“建筑食谱大全”详细解释了人们在做一扇门或一扇窗时需要遵循的规则，并展示了如何在建筑设计中正确使用柱子和拱门。

这些书告诉建筑师们如何建造屋顶、一座建筑应该有多高——以及其他诸如此类的细节。许多书讲的都是同样的原理，只不过讲解方式稍有不同。

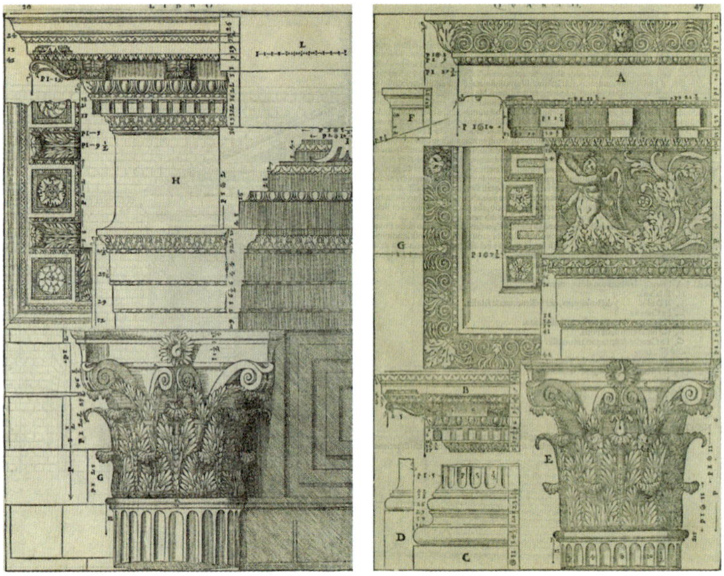

安德烈亚·帕拉第奥，《建筑四书》，1570年

这些书页出自最著名的“建筑食谱”作者安德烈亚·帕拉第奥之手。由他亲自设计的建筑数量很少，而且它们都在意大利，但是世界各地的人都在读他的书。

建筑师们依照这些“食谱大全”建造了数千座古典风格的建筑。事实上，在世界上很多地区，有长达数百年的时间，几乎每座重要建筑都是按照古典主义原则建造的。

人们可以建造许许多多风格一致的建筑物。

斯坦尼斯拉斯广场，法国南锡，18世纪

比如这个广场。18世纪中叶，人们借鉴一本古典主义建筑“食谱大全”在法国城市南锡的中心建造了这个广场。

18 世纪初，俄国沙皇彼得大帝新建了一座气势恢宏的都城，称其为圣彼得堡[1]。

总参谋部大楼，俄罗斯圣彼得堡，1819—1829 年

这座新城的设计参照了同一套原则，所以整个城市的风格看上去都是统一的。

在 1767 年和 1890 年之间，人们按照古典主义风格兴建苏格兰城市爱丁堡一片大面积的新区（被称为新城）。数百条街道，数百个广场，遵循的都是同样的建筑原则。

1 他很谦虚地以自己的名字为都城命名。

莫雷广场，苏格兰爱丁堡，19世纪

所以，在历史上很长一段时间里，在世界上很多地方，对于美的建筑、美的城市应该是怎样的，人们的意见基本一致。他们认为：

你只需要遵循古典主义原则，就一定会创造出美丽的建筑。

可是后来，整个世界发生了改变。比如，人们开始旅行了。1850年前后，地球表面铺上了许许多多的铁路轨道。人们发明了蒸汽船，航行速度比原来的帆船快多了，也更安全，这使得到其他国家旅行容易了不少。

人们来到中国，看到了这样的建筑：

天坛，中国北京，1406—1420年

这座建筑有一个美丽的名字：天坛。

这是一座令人称奇的建筑，与西方的古典主义建筑截然不同。古典主义建筑师看到宽大的屋顶超出了环形墙壁，可能会感到很惊异。

然后，人们又去了印度，看到了这样的建筑——泰姬陵：

泰姬陵，印度阿格拉，1631—1648年

他们觉得这座建筑十分迷人，但它显然没有参考古典主义建筑书——按照古典主义原则，穹顶的最宽处应该在其底部。

另一方面，人们对历史兴趣渐浓。他们对古罗马人之后、古典主义复兴之前落成的建筑十分着迷。他们顺口把这一时期称为“中世纪”。

这一时期的建筑中，最令他们印象深刻的是大教堂。他们尤其喜欢坐落在英格兰东南部城市坎特伯雷的这一座：

坎特伯雷大教堂，英国肯特郡，597年（1070–1077年重建）

许多人认为坎特伯雷大教堂是一座绝妙的建筑，但它打破了许多条古典主义建筑原则。它不是对称建筑，窗户顶部呈尖尖的拱形，而不是线条柔和的圆拱。

他们也很喜欢城堡。古典主义建筑师会说，这座城堡（位于法国）的屋顶太尖了——还需要开更多窗户，而且已有的窗户位置也不对！可实际上，人们认为它很漂亮。

维特雷城堡，法国伊勒-维莱纳省，2世纪（13世纪重建）

所以，我们遇到问题了！每个人对“何为美的建筑”有着迥然不同的看法。人们对此展开了激烈的辩论——他们提出类似这样的问题：

尖顶窗优于圆顶窗吗？

建筑必须得是对称的吗？

用或不用柱子，重不重要？

一些人完全被搞糊涂了。下面这座房子建于 19 世纪 90 年代，它的建造者们试图将许多不同的理念堆砌在一起：一扇古典风格的窗户，一座完全不古典的塔楼，外加农舍式的屋顶。由于他们拿不定主意，最终的效果像是一个大杂烩。

圣乔治街 178 号，加拿大多伦多，1891 年

右边是另一个例子——莫里庄园，这里也有多种建筑理念在掐架：中间的坡面屋顶是法国风格的，左边的屋顶是俄罗斯风格的，整座房子的窗户则是古典风格的（但这座房子整体上完全不是古典主义的，有很多部分别扭地往外凸出——真正的古典主义建筑师会很讨厌这些细节）。

莫里庄园，美国加利福尼亚州，1890年

到最后，人们不再争论。他们放弃了争出一个结果，而是认定根本没有正确答案：就外观而言，没有哪座建筑比另一座建筑更好。我们可以讨论一座建筑是否足够坚固，建造成本是否过高，供暖和制冷是否方便，房间是不是足够多，但没法讨论它美不美。

所有人都认为，到头来，每个人对于美都各执己见，谈论它是没有意义的。在某种程度上，这听起来是一个很体贴的主张：

我们不要再争论了。就让每个人喜欢他们各自喜欢的东西吧，不要试图表述什么是美，什么不是美。

渐渐地，对美持有坚定清晰的看法甚至沦为一件有些无礼的事。这是一种“什么都可以”的态度，因为这种态度暗示，一座建筑的外观是全然不重要的。但事实证明，这种态度简直是一场灾难……

圣乔治码头，英国伦敦，2007-2010年

坎伯诺尔德市镇中心，苏格兰，1963-1967年

高层公寓，英国考文垂市郊希尔菲尔兹，约20世纪60年代

其中一个后果是，许许多多没人真心喜欢的建筑拔地而起。

数量惊人的建筑或街区最终变成了杂乱无章、不甚友好的样子。

现在，当人们谈论建筑时，他们只是说“都可以”，而不想评价哪些建筑很漂亮，哪些则很难看。

可是，你若观察人们的行为，就会发现真实情况与此截然不同。旅游业就是一大例证：它告诉我们人们会选择去哪里享受一段美好的时光。

让我们来看看世界上最受欢迎的旅行目的地之一——意大利威尼斯，每年有 3000 万游客到访此地。

你可能会觉得那里没什么好玩刺激的事可做——没有主题乐园，也没什么可逛的商店。可仍然有数千万的人涌向那里，只为一个理由：看一看那里的建筑，在美丽的小巷里和广场上散步。

安康圣母教堂，意大利威尼斯大运河河口

从大约公元 1000 年前开始，人们在一群小型岛屿上逐渐建起了威尼斯市。所以，城里没有街道，取而代之的是交错的水道和成百上千座小桥。汽车更是无法在威尼斯市通行。

到了公元 1500 年前后，威尼斯已成为世界上最重要的城市之一。那里的人们把主要的心思都花在建筑上，因为他们想让威尼斯成为世界上最美丽的城市——他们或许成功了。从大约 1800 年开始，城里就没怎么建过新的建筑了，所以它看上去与 200 年前相差无几。

意大利威尼斯，大运河

威尼斯之所以成为世界上参观人数最多的城市之一，有一个主要原因：它太美了。

如果我们把人们千里迢迢赶去只为看上一眼的地方列出来，就会发现它们都很美。比如日本的京都，它每年会吸引约 5000 万游客到访。人们愿意去京都，就是因为它十分迷人。

金阁寺，日本京都，1397 年

每年有 3000 万游客到巴黎旅行，他们选择巴黎的原因之一正是因为那里的建筑很美：

索邦大学天文台，法国巴黎，1885–1901 年

现在，让我们来看一些不受游客青睐的地方。几乎没有人会去这些城市散步、欣赏风景。

比利时，沙勒罗瓦

这些城市无人问津的原因再明显不过：它们没有多少看点。如果你恰好住在那里，那你只能忍受它——没有人会为了看它们一眼专程去那里。

加拿大，温尼伯市中心

通过观察游客选择参观哪些城镇，我们可以看出，就实际行为而言，我们对建筑之美的意见基本一致。我们声称不知道什么是美，但我们一次又一次地奔向美丽的地方，并尽可能避开那些不美的地方。

糟糕的是，由于美丽的地方数量很少（难看的则很多），所以那些地方常常被游客挤得水泄不通，而且因为很多人都渴望住在那里，所以导致房价和物价高得离谱。

法国巴黎，克雷米厄街

这条街两旁矗立着五彩缤纷的排屋，是巴黎最火爆的街拍地点之一。它原本非常迷人，可现在因为那里游客太多，使得当地居民反而无法享受住在那里的乐趣了。

这条街曾经静谧怡人，如今却挤满了游客，对着居民的家门大肆拍照，或是站在窗外往里探头探脑，想看看房子内部的设计。

在伦敦，这类房子都被分割成了一间间小公寓，但它们依然贵得要命——因为它们太美了，总是供不应求。

英国伦敦，樱草山，夏洛特街

同样的一幕也在威尼斯上演：每年的每一天，它都因为游客的到来而拥挤不堪。住在那里的人日子很不好过。他们哪怕只是想出门买点东西，也得从成群的游客中“杀”出一条路来。

圣马可广场，意大利威尼斯

我们陷入了困境，因为我们不再建造美丽的建筑和城镇。

“什么都可以”的错误观念导致我们建了许多并不美观的建筑，而不再建造美丽的建筑和城镇，于是它们就变得十分稀少。所以，仅存的那些美丽的地方就变得拥挤而昂贵，以致我们无法轻易获得欣赏它们的机会。

设想一下，出于某种原因，人类只生产了约100台智能手机。它们仍是一流的手机，但很少有人会有机会使用它们。因为稀少，所以它们的价格会高得惊人——每一台的售价或许会达到数百万英镑。如果有免费试用的机会，那么等候的人会排成延绵数英里的长队。

当然，手机界没有发生这样的事，原因很简单：制造商没有止步于 100 台优质手机，而是制造了约 80 亿台（截至本书完稿时）。

这是因为人们摸索出了制造高性能手机的“配方”，也即原理。研发的过程并不容易，但一旦配方成熟了，大批量制造手机就成了相对简单的事。所以现在，几乎地球上的每个人都有一台功能齐全、美观（可以给建筑物拍照）的手机。

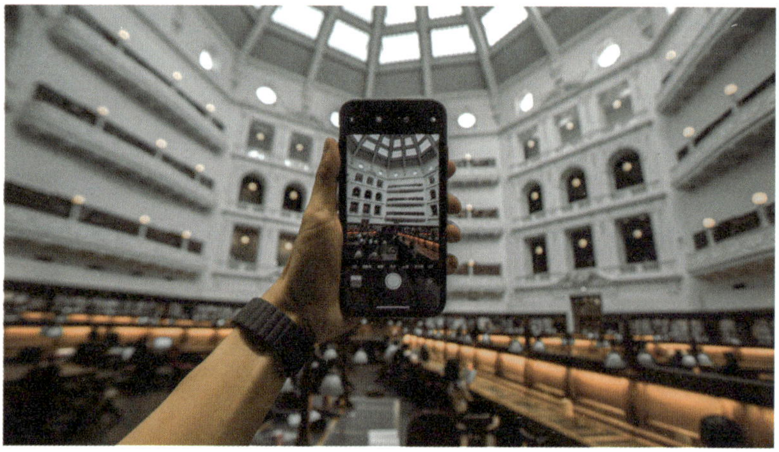

维多利亚州立图书馆拉特罗布阅览室，澳大利亚墨尔本，1913 年

我们乐于看到建筑领域也这样发展。世界上只有寥寥数座真正美观的城市实在是太糟糕了，所以我们希望让建筑也走上手机（以及玛格丽特比萨饼）所走过的道路。我们需要一个创造美丽城市的新配方，这样，有朝一日每个人都能住在美丽迷人的地方。

优秀建筑的配方

研发优秀建筑的配方取决于一个关键要素：

解释你为什么喜欢某样东西。

威尼斯的这条水道为什么很迷人？

在本书剩余篇章中，我们将经常提到这个概念。现在，来看看我们是否理解这个概念。

看一看下面的两条路。你更喜欢哪一条？哪一条更好看？

协和住宅区，英国剑桥，2003–2011 年

吉尔平街，英国剑桥

我们猜测你更喜欢上面的，但你能解释为什么吗？

如果你想写一个配方，仅仅说出喜欢哪个是不够的。你得尝试说明为什么其中的一个比另一个更好。

你得从感觉走向说明原因。

为你的感觉找到原因或解释，与研究某道菜需要哪些配料以及烹饪步骤是一样的。单纯地喜欢某种类型的比萨饼没什么问题，但那种感觉无法帮助你做出同样的比萨饼。要想做出比萨饼，你得知道需要哪些食材，以及如何使用它们：你得找出比萨饼美味的原因。

为了更好地理解这一点，让我们来做个实验。试着写出你认为更多人会喜欢上面的道路的原因。看看你能否为喜欢上面的路和不喜欢下面的路分别找出五个原因。把这些原因付诸文字也许挺难的！

等你做完这一步后，把书翻到下一页，比较一下你的回答和我们想出的答案。如果你的回答与我们的不一样，也不要担心！

第一条道路	第二条道路
有许多郁郁葱葱的植物和树木。	植物非常少，树木则完全没有。
有一条很可爱的石子小道，而且这条小道并不是在正中央。	房子直接挨着街道，所以没有花园。
房子顶部是往里缩的，所以当你抬头看时，空间变得更开阔了。	房子有一些部位突兀地伸出来，而且每一面是不一样的。
房子有一些巨大的窗户，其中一些是用木头装饰的，所以不会过于显眼。	有很多光秃秃的墙面，照片右边的窗户看上去好像要被金属围栏挤扁了。
砖砌的柱子整齐地排成一列，顶部还有漂亮的开口。	街上赫然停着一辆车，减损了街道的美感。

弄清楚你喜欢某个地方的原因是一件十分有益的事，因为它给了你一个配方，让你能够建造更多同种风格的美丽建筑。

让我们来试验一下。想象你在我们刚刚看过的那条很漂亮的小路上闲逛。你从不同角度观察那里的建筑，沿着石子小道来来回回地走……

从另一个角度看的协和住宅区

在走动的过程中，你始终在问自己：

建筑师们做了什么，使得这个地方这么美丽？配方是什么？

在下一页上，我们为建造这条路写了一个配方。

建造住宅区的配方

第一步

一定要使用美丽的材料。在这个例子里，建筑师们用的是质感柔和的浅色砖块，如果你用手轻轻抚摸墙壁，感觉会很好。

第二步

确保房屋之间的距离只比房高稍微宽一点。这是一个关于比例的问题：高度与间距之比。建筑中比例的概念与烹饪是类似的：正如你可能需要比例为 3:1 的面粉和糖来做蛋糕，在建造楼房时，你也需要为每幢房子留出一定空间。这条路给人的感觉很好，因为建筑物给人一种很亲切的感觉（不会太高），也没有过于拥挤，让人感觉透不过气。

第三步

将房子的上层稍稍往里推，这样就可以打造舒适宜人的阳台，可以从那里俯瞰石子小道和花园。另一个好处是，当你走在路上时，你不会感觉受到两旁房子带来的压迫感。

第四步

种植大量植物，但要仔细考虑如何配色。这里的植物大体上是绿色的，在浅色砖墙的映衬下非常好看，但他们也选了一些灰紫色的石头铺在树下。

第五步

搭一个藤架（照片正中的木质结构），这样一来，将来会有更多植物攀着它往上生长。要用不上漆的木头，这样它就会褪成柔和的灰色。

第六步

烟囱要建得高一些。这听上去很奇怪，因为你可能想象不出这样的烟囱怎么会好看，但在这个例子里，这样设计确实好看。为什么？因为这些烟囱又高又修长，间距很匀称，顶部还有小开口，所以房子看上去好像有小小的城垛。

第七步

这一条不太寻常。在这些图片中，你无法看清楚房子的窗户。虽然它们有大窗户，但不那么明显。这一点为什么很棒呢？假如你住在这里，你会想要看到花园，但不会希望老是有人从外面盯着屋里看。所以，植物和烟囱都起到了使窗户更隐蔽的作用。

第八步

把汽车和车库藏起来。这条道路最妙的一个点便是车道在房子的后面，所以没有停在房门前的汽车或毫无魅力的车库来破坏景致。想来很有趣——这个住宅区最聪明的创意竟是你看不见的东西！

配方里的每个步骤都与这个地方之所以美丽的原因息息相关。喜欢某个地方的原因为你提供了建造它的配方！现在，如果你想的话，你就可以卷起袖子，开始建造类似这里的住宅区了，并且它一定会很美。

有些人担心他们无法成为建筑师，因为他们想不出建造楼房的新点子。但事实上那并不重要，因为：

设计美丽建筑的秘诀是重新使用已经存在的最好的配方。

如何建造一座
美丽的城市

我们想让你建造一座美丽的城市——不是过家家，而是一座真正的城市！

这听上去也许很可笑？你年纪太小了，也没有受过成为一名建筑师的训练，而且建造整座城市需要花很多很多钱。

但或许有一天你真的能做到——因为建造美丽城市最重要的是创意和“配方”。好的创意和好的配方能够创建美好的城市。

钱不是真正的问题所在，因为每一天，在世界的每个角落，都有大量资金被用于建造新建筑，结果却非常不理想。

难点不在于把房子建起来：

难点（也是最重要的部分）在于弄清楚怎么建造才是最好的选择。

在本书的这一部分，我们将一步一步提炼出创建美丽城市所需的配方。我们将一起来研究从古至今有哪些成功经验和失败教训，以便帮助我们发现哪些想法可行，哪些更像是一场灾难。我们尚未找到所有正确的想法，但我们认为我们已经找到一些不错的主意。也许你还会找到更多。

让城市富有趣味

好看的城市让人感到很有趣味，这话可能有点多余。然而，如何让一座城市看上去充满趣味虽然很重要，但趣味这件事却不那么显而易见，也就是说不那么好把握。

让我们从有趣的反面切入：无趣。现代城市的许多部分都枯燥无味：

波兰波兹南，住宅区

英国伦敦，金丝雀码头，银行街

这里没有特别迷人、激动人心或是令人愉快之处。最有可能出现的情况是，你根本不会注意到这里的建筑物：你都有点麻木了。

现代城市常存在的另一个问题是：它们看上去杂乱无章。

澳大利亚塔斯马尼亚州，霍巴特，默里街

许多不同类型的建筑被胡乱地堆在一起，要不就是广告牌多到你几乎无法看到建筑物本身（而它们本来也不好看），或者是错综复杂的大马路从城市中间穿过。

日本东京，新宿区，靖国通

我们为什么既不喜欢枯燥无趣，也不喜欢杂乱无章，思考这个问题将对我们很有帮助。

我们不喜欢这两者的原因与我们大脑的运作方式有关。我们的大脑总是在事物中寻找规律，试图弄清楚我们身边发生了什么事。如果某样事物非常简单，大脑马上就会找出规律，我们也就失去了兴趣，会觉得它单调乏味。

这就是为什么世界上几乎没有人会觉得下面这块橡胶浴室防滑垫趣味无穷。

一块相当乏味的浴室防滑垫

但如果规律太难辨认出——或是完全没有规律——我们的大脑会感到沮丧烦躁。

一团纠缠在一起的绳子

我们不喜欢混乱，因为如果没有一定的秩序和规律，我们就弄不清楚到底是怎么回事。这会让我们感到迷茫、困惑。在没有秩序和太有秩序这两个极端之间，有一个理想的中间点。

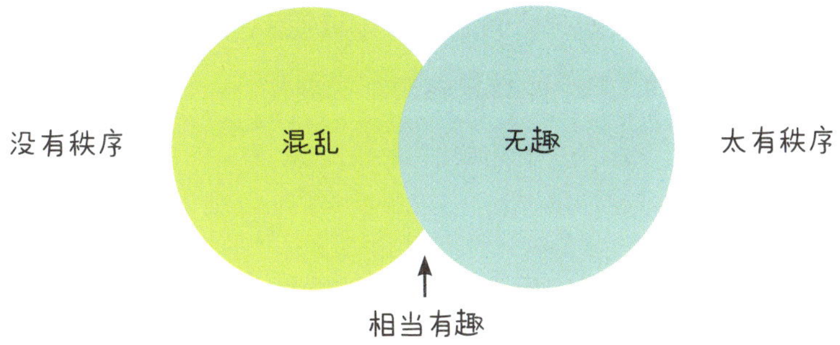

这个中间点看上去可能是这样的：

一块古典式的天花板

乍一看，这块天花板的规律十分明显，但你看得越仔细，就越能发现它的复杂。然而，每个复杂之处又都非常有序。当我们看这幅图时，我们的大脑一直在运转，先是找到一种规律，再是感到有点迷惑，然后又找到新的规律。我们的大脑不会感到无聊，但也不会一头雾水。

这很有意思。正如一个有趣的故事或游戏要足够复杂，好让你的大脑持续转动，但也要有足够清晰的架构，让你能够理解它。它既不过于复杂，也不过于简单。

我们的大脑对建筑的反应方式也是如此。以下是一个饱含趣味的建筑案例——捷克共和国（位于中欧）泰尔奇小镇的一排房子。这些房子建于 17 世纪。

捷克共和国，伊赫拉瓦，泰尔奇小镇

从某些方面看，这一整排房子都很相似。每一座房子的底部都有三道拱门，拱门正上方有三扇长方形窗户，顶部中间有一扇窗户。每座房子的房顶都很精致——有的是曲线形，有的是阶梯式，有的是尖顶。

所以每座房子的格局是相似的，但都独具个性：它们的颜色各不相同，有的装饰更华丽，有的更朴素。我们的大脑不断地辨认出规律，但这些规律并不简单明了。接着，我们不断地发现细微的变化，但这些变化又是合理的。你看的时间越长，就越会觉这个地方既有序又复杂。

我们可以用同样的概念来说说伦敦的这条街：

英国伦敦，伊斯灵顿区，卡农伯里广场

在这些房子的顶层，每扇窗的正下方都是另一扇窗——底层则不然，这一层的窗户和门有不同的样式。底层的窗户顶部是拱形的，它们上面的窗户则是方顶，但建筑师在这里玩了个小把戏：二楼窗户上方有砖砌的拱顶，这就与底层的拱顶窗户有些相似了。

用语言解释这一切很耗时，但我们的眼睛能够很快捕捉到这些细节。我们能看出这些建筑都遵循某种模式，但我们也能发现这其实是一个复杂的模式。

一些现代建筑师用新的方式表达了同一个理念：

荷兰阿姆斯特丹，博尔纳欧-斯波伦堡，1993-1996年

整体而言，这一排建筑物遵循一种相当严格的模式。每座房子的高和宽都大致相同，色调也限于白色、灰色和不同色度的红色和棕色。没有曲线，只有直线。但在这个基本模式下，每座房子都各有特点。窗户的形状和大小各不相同；所用的材料也有区别——有的用砖块，有的用玻璃；有些房子带有阳台，有些则没有阳台。

你可以借助关于秩序和混乱的概念来思考整座城市的布局——比如英国的这座城市，它的名字有点滑稽，叫巴斯。[1]

皇家新月楼和圆形广场，英国巴斯

步行游览巴斯，你会感到趣味无穷。在图片左边，你可以看到形成半圆的楼房，它们正对着一片草地；往右看，先是一小块方方正正的街区，然后，房子逐渐形成一个圆形，圆心处是一棵大树。这个布局有些复杂，但一点儿也没有胡乱堆砌或乱糟糟的感觉，因为所有的建筑物都有相似的外观。

1 它真的是以一座澡堂（bath）命名的：一座大型室外澡堂，由古罗马人在2000年前修建。

它们的高度相同，都用同样的石材建成，所以形成了质朴性和复杂性的完美结合。

英国，巴斯

美丽的城市和建筑欣赏起来十分有趣。现在我们已经理解其中的奥妙，对如何创造有趣的建筑我们也有了一些思路：

需要一个简单而突出的模式，同时要有变化丰富的细节。

成为一个团队管理者

你或许对团队已经有所了解——无论是通过参加运动队，还是参与学校里的各种团体，或是在电视上观看智力竞赛中的参赛团队。但你或许尚未意识到，“团队”对建筑也非常重要。

在考虑团队为什么重要之前，让我们先来问一个很不寻常的问题：团队究竟是什么呢？团队是由不同个体在其中相互协作的团体：他们一起努力，试图做一些个人无法独自完成的事。

一些人认为这是史上最伟大的足球队：

巴西国家男子足球队，1970年

这是 1970 年参加世界杯（当然还拿了冠军）的那支巴西国家男子足球队。这不仅仅是因为他们都是优秀的足球运动员：

他们之所以能成为一支伟大的球队，是因为他们相互配合的踢球方式。

他们擅长快速传球，能够预判队友的意图，从而为彼此创造机会。

你可以想象与此相反的情况：一群队员也可以是一盘散沙，无法组成优秀的球队。他们会很自私，总想自己占有球，不去考虑场上的其他人在干什么。守门员可能会抛下自己这一方的球门不管，突然跑到球场另一端，试图自己进球。这会是一场灾难。

你可能已经注意到巴西足球队照片中的一些细节了。照片中有 12 个人——但一支足球队应该只有 11 名队员。照片里有 12 个人是因为他们把经理也算在内了，就是站在右边穿浅蓝色上衣的那个人。球队经理不上场比赛，但他有一项十分重要的工作：

他要确保团队中的每个球员相互协作。

你可以借用优秀球队和球队经理的概念来思考建筑。

照片里的这条路看上去就没有管理者：

美国，宾夕法尼亚州，布瑞兹伍德镇

这里没有负责人，每个部分——道路、标牌和高高矮矮的房子——都在自顾自地忙活着。它们没有在协作或是互相帮助，就好像它们甚至都不知道场上还有其他队员。结果，这条路看上去混乱不堪。

不过，这不是团队中唯一会出现的问题。我们已经见识过，当每个人都只关心自己、相互不协作时会发生什么，但与此相反的问题也会产生另一种类型的糟糕团队。那就是，当团队成员失去个人特点、变得很机械的时候——都表现得十分顺从、守秩序，但做的事情一点儿也没意思，就好像他们完全没有个性。

我们继续用足球做类比，这就好比球员们永远只会执行他们接到的指令，从来不会运用个人天赋或想象力。换句话说，他们有点一无是处。

建筑中对应的例子大概是这样：仿佛没有灵魂的机器人楼房。

布兰登住宅，英国伦敦，肯宁顿，1958年

团队的意义是，作为团队中的个体，我们都有各自擅长的领域。某个人跑步很快，某个人在处境艰难时能保持头脑的冷静，另一个人擅长射门，还有一个人做事效率特别高、特别可靠。如果把所有这些不同特质的人聚集在一起，你就能得到令人惊叹的效果，这比任何一个人单打独斗要厉害得多。在团队里，一群截然不同的人能够设法达成良好的协作。

一个运作良好的团队在天赋异禀的个人与相互协作之间找到了平衡：

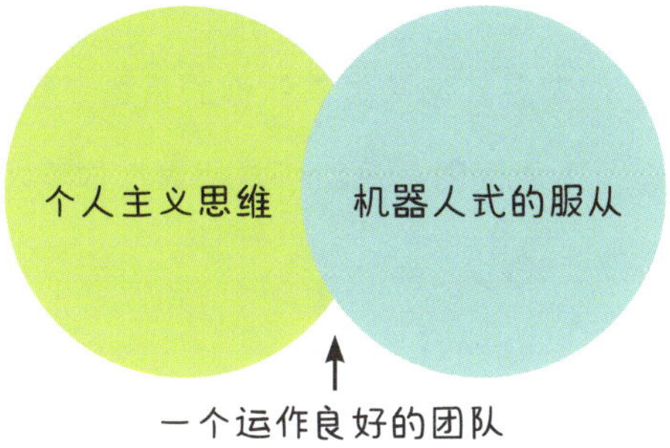

组建一流团队的概念至关重要——不仅是在体育界。我们可以说一个美满的家庭也是一个很好的团队。一段美好的友谊也成就了某种类型的团队（尽管这个团队可能只有两个人）。一个好的企业有赖于一个能够有效合作的团队，而且团队成员要各有所长。

在建筑中，良好的“团队”能够相互协作，创造美丽的地方。

以巴黎为例，那里有一条宽阔的大道：香榭丽舍大道。尽管很多人都非常喜欢这条街道，但要是你问他们这条街道好在哪里，他们不一定能够答上来。

但我们能理解其中的原因，因为我们开始认识到它的奥秘所在：这里的建筑就是一个团队。香榭丽舍大道上的所有建筑都略有不同，而且它们能够相互协作。

这里的建筑物参与到了团队之中，就好像有个经理在对他们说：

不要跑远了，你需要其他队员来做你的后盾；想一想你能为别人创造什么样的机会；不要试图自己做所有的事，你可以依靠你的队友，就像他们可以依靠你一样。

法国巴黎，香榭丽舍大道

其实，在 19 世纪，当巴黎的这部分仍处于规划阶段时，真的有人充当了团队经理。那个人名叫乔治－欧仁·奥斯曼，他为此付出了巨大的努力，确保不同的建筑能像一支优秀的团队一样运作。

奥斯曼作为团队经理所做的最明智的决定是重新规划了街道，他将一座巨大的拱门定为街道的中心，那座拱门被称为凯旋门[1]。

凯旋门，法国巴黎，1806—1836年

在奥斯曼做规划之前，这座拱门旁边挤满了其他建筑，附近是横七竖八的街道。拱门是一位优秀的选手，但它的队友们没有给它任何发挥的机会，反而挡住了它的去路。奥斯曼所做的就是让其他建筑与拱门协作。他说：

分散开来，给拱门腾出点空间。

1 这座拱门建于19世纪初，用的是古罗马人的古老配方。它与第34页上的君士坦丁凯旋门非常相似。

用足球队的说法，拱门就像是球队的明星射手——他需要空间来发起出其不意的进攻，但也需要其他球员给他传球。

奥斯曼作为经理，他的脑子里装满了如何让不同街道和建筑有效合作的好点子。他用得最好的一个妙招便是让两条街在相交时互相协作。

法国巴黎，奥斯曼大道

奥斯曼没有让它们在相交处形成突兀的尖角，而是交融成优美的弧度。这有点像足球比赛中两个球员完成了流畅的传球配合。

另外，奥斯曼没有允许广告挡住建筑物（这在城市里是经常发生的事），而是建造了外形美观的广告张贴亭。他使它们也加入了团队。

让·贝罗，《巴黎小亭子》，约1880—1884年

奥斯曼没有使用单调的又扁又宽的广告牌，而是打造了迷人的柱形结构，供人们张贴广告。他甚至通过使用与楼房阳台相同的金属材料，让这些广告亭融入周围的景观。

他在设计路灯杆时也是同样的用心：

法国巴黎，香榭丽舍大道

对于如何让路灯杆也成为团队的一部分，奥斯曼思忖良久。他把它们打造成了优雅大气的柱子，这样，它们在白天也能成为一道风景。

奥斯曼或许是史上最出色的建筑群“团队”经理人。他使巴黎成为建筑版的 1970 年巴西男足。下面是他的一幅肖像（他可能在考虑路灯柱）：

皮埃尔·珀蒂，《乔治-欧仁·奥斯曼男爵（1809–1891）》，1860 年

假如奥斯曼尚在人世，我们想对他说：

你是我们的英雄，我们都很感谢你。请永远不要停止思考！

为事物找到恰当的尺寸

你已经知道，各种东西要有合适的尺寸，这非常重要。穿一双过小的鞋子对你来说会是一种折磨，而如果鞋子比你的脚大了10码，那你就基本没法走路了（而且你会感觉自己很蠢）。

感觉这个空间有点小——尽管住在这里的人已经尽力把它布置得舒服一些：

一套新公寓里的一个小卧室

而这个地方就感觉太大了：

泰国曼谷，素万那普机场

尽管在室内，你仍然感觉迷失了方向。这个地方让你感到疲惫和困惑，你不知道该往哪里走。待在这样的地方并不是令人愉快的经历，而如果有人想要住在这里，我们也会感到很奇怪。

大小的概念能帮助我们描述我们在建筑中喜欢什么，不喜欢什么。

这条街就令人舒适：

德国弗赖堡，老城区

这条街位于德国南部弗赖堡市。街两边的房子不高也不矮，路面是石子铺成的（不是沥青），是为步行者而不是为汽车设计的。

街两边的房子没有挨得太近，但又足够近，给人一种温馨舒适的感觉。一切都恰到好处。

可是这条位于澳大利亚新南威尔士州的马路就太宽了：

澳大利亚新南威尔士州，特兰德尔，福布斯街

这条路宽得令人难以置信，两边的建筑看上去孤零零的，好像几乎被遗忘了。如果你走在这条路上，只能看到深灰色的沥青——并不是一种十分吸引人的材料。如果这个地方能开口说话，它只会跟你大谈特谈汽车、公交车和停车场。奇怪的是，它其实用不着这么宽：这是一个小镇，根本没有那么多来往车辆。

罗马的这个广场大小就非常舒服：

马泰广场，意大利罗马

它叫作马泰广场(Piazza Mattei；“piazza”是意大利语“广场”的意思——注意别跟比萨饼的“pizza”弄混了，尽管 pizza 也很美妙，但完全是出于不同的原因)。这个广场是按人体比例设计的，因为它的大小符合我们身体的运动方式。如果你站在广场一侧，看到你的朋友从另一侧经过，你可以喊他们一声，他们就会听见你。但你在这里也可以享有私密性：如果你在一个角落里与人交谈，另一个角落里的人听不到你在说什么。如果你在广场中央玩，你的爸爸妈妈只要从三楼的窗户往下看，就能看到你是否安全。

但有些广场就太大了：

亚历山大广场，德国柏林

这个广场位于柏林，叫作亚历山大广场。它很大，没有明确的形状，看上去不太吸引人。如果你在广场正中间，就会感觉附近的建筑离你很远。如果你看到有个朋友在广场另一侧，你也无法引起他们的注意。如果有个人站在窗边往外看，而你在广场中央，你将无法看清那人的表情。

遵循按人体比例来设计的原则，意味着空间和建筑感觉像是专为契合我们的身体而设计的。

过去，建造高楼大厦是件非常困难的事。因为那时没有巨型起重机，没有钢铁，没有研究出如何制造例如混凝土之类的坚硬材料，也没有电梯。直到 20 世纪初，电梯才得到广泛应用，所以在那之前，建筑物的高度受限于人们能爬几层楼。

供人们居住和工作的房子几乎没有超过 5 层楼高的。只有特别的建筑，比如教堂、塔、剧院或城堡，才会建得更高一些。所以，就高度而言，大多数城镇都是基于人体的尺度而建立的。

比利时，布鲁日

这是比利时的布鲁日。这座城市的旧城中心早在 1900 年之前就已建成，自那之后就没怎么变过。

那里所有住宅和办公用房都挺矮的——最多也就四五层高。比它们高出很多的是少数几座特殊的建筑（主要是教堂）。

比利时布鲁日，玫瑰码头

很多人认为布鲁日老城区是整个欧洲最迷人的地方之一。

如今，人们很容易就能建造巨兽般的大楼。所以许多城市都变成了好像要把我们挤扁的样子。

这是纽约市。建造者在设计之初就想到了汽车和电梯：

美国，纽约市

这条繁忙的街道太长了，好像总也走不完；街两边的建筑又太高了，站在人行道上抬头看，几乎无法看到大楼的楼顶。

建筑物很高大本身没有问题。重要的是它们为什么这么高大。

让我们来看一看一种似乎与建筑毫无关系的庞然大物。

土星5号火箭和阿波罗11号飞船，1969年
美国佛罗里达州，肯尼迪航天中心，

1969年7月16日，这枚“土星5号”运载火箭由佛罗里达州肯尼迪航天中心发射。它顶部的分离舱载着几位宇航员，他们即将成为第一批登陆月球的人类。火箭大极了（看看它旁边那架黄色的起重机），它承载着人类宏大的理想。它说：

我们能做到无比艰难但令人惊奇的事。

我们能够探索并了解宇宙。

火箭体形庞大，但其背后的理念更加宏大。当某样很大的东西承载着伟大的想法时，这两者就十分相契。

建筑里也有这样的例子。在 19 世纪 70 年代，格拉斯哥大学决定建造一座新的尖顶塔楼，它将高高地耸立在旧教学楼之上。请看：

吉尔伯特·斯科特大楼，苏格兰格拉斯哥，1870–1891 年

他们想建造一座高大的建筑物，让四面八方的人都能看到。塔楼这样设计的目的是告诉城里的每一个人，大学象征着什么。它说：

我们相信教育，我们认为理解过去、学习新事物、探索科学是十分重要的。我们认为它不仅对我们有好处，而且，我们相信它对所有人都大有裨益。

这是一条意义重大的信息，所以用这么高大的一座建筑将信息传递给全世界完全是合乎情理的。

那么，下面这个例子呢？

托马斯·霍斯默·谢泼德，《圣保罗大教堂》，1829—1831年

这座带有雅致穹顶的大教堂是从 17 世纪开始重建的，原教堂毁于 1666 年的伦敦大火。教堂历经 35 年才建成，每位伦敦居民都为此出了钱。它就是圣保罗大教堂。它大到什么程度呢？——可以容纳住在伦敦市中部的所有人。它长年开放，任何人都可以自由进入，想待多久就待多久。

圣保罗大教堂的设计旨在告诉每个人一些十分美好的事情。它说：

你要思考你人生的意义，当你对待他人不友善时，你应该感到惭愧，这很重要；不要只想着钱和工作——也要想想美。

即使你在数英里之外，你也能看到教堂的穹顶和塔楼——它所传达的信息总能抵达你耳畔。它在做一份重要的集体声明：

我们认为这才是重要的。这座建筑规模这么大是一件好事，因为在它背后是如此美好和宏大的理念。

在建成后的近300年里，圣保罗大教堂始终是整个伦敦最高、最令人难忘的建筑。可是后来，情况变了。

英国，伦敦天际线

建造巨型建筑变得易如反掌，无论出于什么理由都可以。事实上就在几年前，人们在距离圣保罗大教堂不远处建了一座比教堂高大得多的尖塔形大厦，叫作碎片大厦。不用说，这座新塔楼大到了极致，但它没有传递给我们什么有益的信息，主要是为一些销售石油或进行全球资金运作的企业提供办公空间，或者（奇怪的是）帮助其他企业在别的大楼里找到办公室。大楼里还有一些公寓和一家酒店。

碎片大厦，英国伦敦，2009年

这座大厦所代表的理念并不重要——想想吧，如果有人这么说，你肯定会觉得他们疯了：

听好了，我们有一个绝妙的想法，每个人都要注意听：企业应该租用办公室，人们应该住在公寓里。

可悲的是，这座大厦所传递的正是这样的信息。它的嗓门很大，说的内容却无聊至极。其实，它之所以这么高大，主要是为了让它的拥有者们可以宣称：

我们拥有最高的大楼。

这可能会让他们很激动吧，但对于其他人而言，这没什么意义——因为这是他们的大楼，不是我们的。这座大楼在用比和蔼可亲的古老穹顶大很多的嗓门传递着一条自私的信息，这真让人难过。它有点像霸凌者，正在利用自己压倒性的体形优势迫使别的建筑闭嘴。

不过，有些高大的建筑却令人愉快，因为它们很美丽。其中最美的一些坐落在纽约市。

圣雷莫公寓，美国纽约，1931年

它们的造型通常底部较宽，越往上越窄，顶部是一个指向天空的尖塔。

克莱斯勒大厦，美国纽约，1930年

帝国大厦，美国纽约，1930年

它们看上去有点像气势恢宏的火箭，即将冲入外太空。

如果高大的建筑同时也很美丽，它们就会传递出一条有趣得多的信息：

美很重要。

它们也显得慷慨大方。它们说：

我们知道你不住在这里，也不在这儿工作，但我们希望你只是看看我们，就能得到许多乐趣，所以我们花了很多心思，确保自己拥有迷人的外形。

事物的体形越大，拥有美的外观就显得越重要。不然，我们可能会得到这样的结果：

建明邨，中国香港，调景岭，2003年

现在，我们可以更好地理解这个问题了。并不是说建筑物高大就不好：

建筑物高大，却没有在传递任何有趣或有意义的信息，这才非常不好。认识到这一点有助于我们确认建筑配方的下一个步骤：

如果你想造一座高大的建筑，一定要确保它能表达一些真正美丽、重要的东西。

伍尔沃思大厦，美国纽约，1912年

使用好看的材料

建造一座城市时，你可以选择使用各种各样的材料：砖、石头、木材、钢铁、玻璃、混凝土等。决定一个地方或一座建筑有多好看（或多难看）的一个重要因素正是建筑材料的质量。以下是一个例子：

剑桥大学西利历史图书馆，英国剑桥，1964—1968年

这座大楼所使用的砖看起来脏兮兮的，有点粗糙，感觉很廉价。遗憾的是，这居然是英国剑桥大学的历史图书馆。一个如此重要的地方却这么难看，真是太糟糕了。

如果只看这座大楼，你可能会觉得砖不是一种理想的建筑材料。也许，想要打造好看的建筑，我们必须避免使用砖。但这说不通，因为有时候砖也能产生美妙的效果：

伯佐夫啤酒厂，德国柏林，2019年

这座建筑也是用砖建造的，但比之前那座迷人多了。重点是，其实有许多不同类型的砖。这座建筑所使用的是一种颜色柔和的砖，而且每块砖之间有一些细微差别。因此，使得建筑有了一种令人惊讶的柔软的外观，但整个结构看上去也很坚固，给人一种干净、温暖、祥和的感觉。

我们可以看砖块的细节图，来理解这种差异：

用均匀统一的红砖砌成的墙

这些砖块都有笔直的边和分明的棱角，每块砖的表面都很平整，所以这面墙看起来缺乏质感。不同砖块的颜色稍有变化，但呈现出来的并不是特别吸引人的图案。假如这面墙是一个人，那这个人可能很无趣、缺乏想象力；他大概不擅长讲故事或是编一个游戏。

用深浅不一的砖块砌成的墙

这些砖块互相之间差异较大，砖的边缘和表面并不平整。如果能摸一摸，应该会很有趣。假如这面墙是一个人，他可能会做一些出人意料，但非常有趣的事。

他不会只执着于一件事——可能喜欢科学，但也喜欢玩捉迷藏；可能喜欢阅读，但也很擅长枕头大战。

所以，我们不能一刀切地说所有的砖都是不好的——但我们也不能说砖都是好的。应该说，砖作为一种建筑材料并不总是糟糕的，也并不总是令人满意的。效果的好坏取决于砖的类型，以及我们如何使用它。

你会看到，其他材料也是一样的情况。以混凝土为例。假设你碰巧看到这座建筑：

阿波罗台，英国彼得利，1969年

你可能会觉得混凝土挺难看的。建筑师维克多·帕斯莫尔设计出了一些很有意思的形状，但这种材料看上去灰蒙蒙的，甚至有点凄惨。

不幸的是，这座混凝土亭台位于英格兰中部，那里经常下雨，一年到头没多少晴天。这对混凝土来说不太好。混凝土被雨水淋湿后表面会留下污渍——如果没有阳光，它看起来就单调乏味、死气沉沉。

但混凝土在其他条件下也可以很气派：

索尔克生物研究所，美国加州拉霍亚市，1965年

这座建筑是加州拉霍亚市一家科学研究所的一部分。这里不怎么下雨，几乎总是艳阳高照。在这里，混凝土有一种宛如纪念碑的特质，显得宁静祥和，坚硬之中又有一丝奇异的轻盈感。

让我们来看细节：

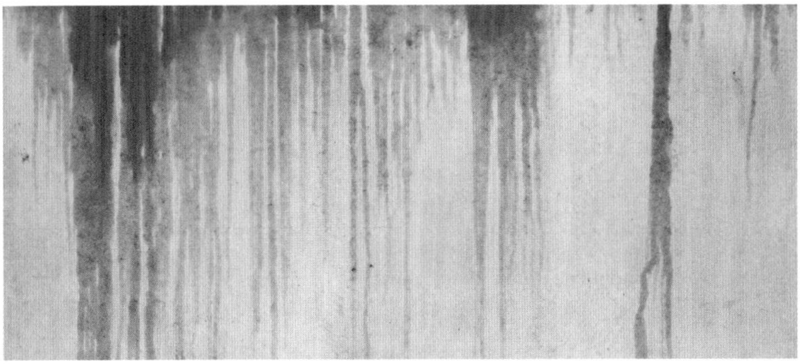

混凝土表面的雨水痕迹和污渍

假如这面混凝土墙是一个人，这大概是一个总是心情低落的人。如果你想去野餐，他会说不去了，因为可能会下雨；如果你想玩纸牌游戏，他会说没心情；如果你很开心，他会指出你鼻子上长了一颗痘痘。

夯实混凝土，德国梅谢尼希克劳斯修士田野教堂，2007年

这一处混凝土的图案清新柔和。假如它是一个人，应该会是一个很安静的人，同时心思细腻、思考周到。

他会注意到别人没注意到的东西——比如某朵云不同寻常的形状，或是一辆车的轮拱美观的样式。如果你感到有些不自在，他会觉察到，然后尝试让你安心。如果你想告诉他一些很复杂的事，他会耐心聆听。

所以，与砖的情况一样，我们不能一口咬定混凝土糟糕透顶，反之亦然。一切都取决于你具体用了哪种混凝土，以及你的使用场景。

哪怕是你觉得可能很糟糕的建筑材料——比如塑料——也可以运用得很巧妙。不过，大部分时候，塑料确实不好看。你可能看到过这样的建筑：

荷兰鹿特丹，现代化仓库

这座红黑两色的建筑看上去有些沉闷，还有点黏糊糊的，就像一个没洗干净的苹果，摸它可不会带来很好的感受。它没多少个性：寡淡、反应迟钝就是它的特点。如果你给它讲笑话，它只会对着你干瞪眼。

但这座建筑把塑料运用得十分巧妙：

切萨皮克船库，俄克拉何马城，美国俄克拉何马州，2006年

光可以穿透饰片——夜晚，它们会被室内的灯光照亮，发出美丽柔和的微光。又长又窄的饰片构成了雅致的图案。它看起来既见多识广，又和蔼可亲，就像一个穿着时尚又亲和力十足的姑妈。

在传统意义上，大理石是最具声望的建筑材料。要理解其中的原因并不困难。大理石是一种极其坚硬耐用的石头，它的表面通常有非常漂亮的图案（被称作“纹路”）。

巴塞罗那馆，西班牙巴塞罗那，1928-1929年

这面墨绿色大理石墙是巴塞罗那馆的一部分，它是 20 世纪最著名的建筑之一，于 1928 年至 1929 年间建于西班牙巴塞罗那（作为巴塞罗那国际博览会的德国馆）。这座展馆的建筑师是德国人路德维希 · 密斯 · 凡德罗。

厚厚的绿色大理石板看上去非常敦实厚重，仿佛不会腐朽，永存于世，但它也很美丽。大理石的手感棒极了——在炎热的日子里，把额头靠在光滑冰凉的大理石表面上实在是妙不可言。

但即使是大理石，也有运用不当的例子：

富丽堂皇的大理石楼梯

这段楼梯在竭力表现自己——它觉得自己艳压群芳，但其实它并没有特别好看。台阶看上去有些杂乱，与栏杆也不相称。大理石本身是好看的——你可以用它来做别的更好的东西，比如厨房操作台，但如果用在这里，它让人感到很压抑。它让我们想起那些趾高气扬、总爱显摆的人。

最后，你觉得木材怎么样呢？木头可能是最受欢迎的建材之一。

但它并不总是讨人喜欢：

一间用木材装饰的办公室

这个房间的问题是，所有木料都经过高度抛光，结果看上去就像塑料一样。它很努力地想显示出精致感，结果却把自己弄得很厚重，给人一种压迫感。天花板上粗大的木梁感觉好像就压在你头上。假如你跟这个房间交谈，它会跟你讲冗长而枯燥的关于自己的故事。你得等上好几个世纪才能插上一句话。

相反，下一页上由彼得·卒姆托设计的木质房间，就给人以干净素雅的感觉——睡在这间房里一定安静又温馨。

浅色的木材与周遭景色十分相配（山顶上一般都有白雪覆盖）。

辛姆托度假木屋，，瑞士莱斯，2009年

这里运用的木材更接近它的天然状态：它使人联想到它所来自的那片森林和其中的树木，以及眼下环抱这座小屋的森林与树木。假如这个房间能说话，它的声音会很欢快；也许它不会说很多，但会温柔地倾听你。它还会经常对外面的群山点头。

我们学到的是，没有哪种建筑材料天生优于别的材料。

相反，你能想到的几乎每一种建筑材料，都有好的和不好的应用实例。一旦你开始思考建材（并更仔细地观察、比较不同建材），你就会开始形成你自己的偏好。你会更敏锐、更确切地觉察到你真正喜欢什么。

举个例子，你可能挺喜欢木地板的。这块地板看着还可以：

光滑的胶合板地板

但与下面的这块地板相比就稍显逊色了：

未上清漆的天然木地板

所以，不要说你“就是喜欢木地板”，或许你想说的是：

我喜欢颜色较浅、没有大量打蜡或是高度抛光的天然木地板。

当然了，你可能不会经常说这话——但如果你在设计一座房子，知道自己的偏好是很有帮助的。

也许有一天，当你在建造自己的城市时，你将使用的所有其他材料也是如此。你可以说：

我们需要砖，但它们得是合适的砖块，或者我们也可以使用混凝土，但只在合适的地方使用。

或：

没错，用上一些大理石会很棒，但我们得好好考虑该如何运用大理石。

你还会说：

我知道塑料听上去糟透了，但如果运用得巧妙，我们也可以把它做得很漂亮。

你会参与诸如此类的有趣对话。

巧用当地建筑风格

有些东西放在全世界差不多都是一个样儿。冰岛的开罐器看起来和摩洛哥的很像；巴西的冰箱与澳大利亚的冰箱长得很像；而在日本和土耳其，最受欢迎的汽车款式也相差不大。有些人认为建筑也应如此。如果科技放之四海而皆准，那为什么世界各地的建筑不应该长一个样儿呢？

最早这样想的一批人之中就有勒·柯布西耶。20 世纪 20 年代，勒·柯布西耶开始为他想象中的未来城市制作草图和模型。

勒·柯布西耶，“光辉城市”模型，1924年

他写了一本书，论证世界上的所有城市都应该像他画的草图一样。听起来，他的想法过于疯狂，但许多建筑师真的读了他的书，并运用了他的理念。

勒·柯布西耶，"光辉城市"规划图，1924年

以勒·勒布西耶的书为理论基础的大规模开发区在俄罗斯和美国建了起来：

俄罗斯莫斯科，加里宁大街，1962–1968年

“合作城”开发区，美国纽约布朗克斯区，1966–1973年

在英国也是：

哨兵大楼，英国伯明翰，1967–1971年

还有韩国：

盘浦Xi小区，韩国首尔，2008年

还有印度：

印度金奈的公寓楼，2009年

这只是成千上万个类似的开发项目中的区区几个例子，几乎每个国家都建了这样的开发区。

世界上不同地区的城市逐渐有了相同的外观。有时候，当你抬头看四周的高楼大厦，你完全不知道自己在哪里。任何地方都有可能。

所有地方都一个样，是件坏事吗？

为了回答这个问题，让我们来看一些因为坐落在不同地方而截然不同的传统建筑。

我们的探索从瑞士开始：

瑞士伯尔尼高地的小木屋

这是瑞士山区特有的一种木屋（chalet），瑞士人建造这种木屋已有好几个世纪的历史。你可能会认为，瑞士人造这样的房子只是因为它们很漂亮，但事实是，小木屋的设计是由当地的气候环境特点所决定的。

看那宽大而陡峭、罩住整间木屋的屋顶。人们设计这样的屋顶，是因为这里的冬天降雪量非常大。倘若屋顶是平的，雪很快就会堆积起来，变得十分沉重，有可能会压塌整座房子。斜坡屋顶有助于使新雪滑落。而且，要不是屋顶罩住了房子的墙壁，雪还会直接落在阳台上，挨着墙堆积起来。

木屋显然是用木头建成的，因为附近有充足的木材。人们还设计了一个阳台，开了许多扇窗，因为他们想欣赏群山美景。

现在，看一看北非国家摩洛哥的这些房子。它们与瑞士的小木屋毫无相似之处。你觉得这是为什么呢？

摩洛哥，阿伊特本哈杜

这些房子屋顶是平的，因为这里几乎不下雨，下雪更是不可能。你用不着担心该如何排干雨水，或是该拿积雪怎么办。房子是用砖砌成的：人们使用砖是因为这里没多少树木，所以他们无法获取建房所需的木材。砖是用干燥的黏土制成的，因为在太阳的暴晒下，黏土很容易就能晾干。这些房子窗户很小，因为保持室内凉爽比采光更重要。

在很久很久以前，挪威的维京人建造了这样的房子：

挪威福桑，兰达公园

屋顶是用草编织而成的，非常厚实——这附近有很多草——厚厚的墙则是用泥土堆砌而成的，能够有效抵挡严寒。这些房子只有几扇小窗户（或者完全没有），为的是让室内保暖，而且大部分时间，窗外反正也没什么可看的（在挪威，一年中有很长时间天是黑的）。这种房子被称为“长屋”——显然是因为它们很长！长是必要的，因为有很多人住在里面：不只是父母和孩子，还有祖父母、外祖父母、堂亲、表亲、侄子、侄女、外甥、外甥女……

下面是西班牙的一座房子，建于数百年前：

西班牙格拉纳达，约1362-1391年
阿尔罕布拉宫狮子庭，

这座房子围绕一个庭院而建，中间有一座喷泉。在炎热的夏天，喷泉能使空气保持凉爽。庭院边缘是一圈柱廊，这样，当你在房子的不同部分之间走动时，你总是能待在阴凉处。柱子比较纤细——有点像棕榈树的树干，因为棕榈树是住在这里的人最喜欢的树木。房子外围没有窗户：所有房间都是面朝庭院而建。那是因为人们担心会有多管闲事的邻居窥探隐私。

从以上例子中，我们可以看到不同的建筑风格与当地人喜欢的生活方式息息相关，同时还与当地的气候、景观、本地可获取的建筑材料有关。

每座建筑都讲述了住在那里的人的故事，以及他们在乎的是什么。

每种建筑都揭示了它所在地方的特点以及那里的居民生活状态。这就是使这些建筑意义非凡的原因。

现在我们可以理解，如果每个地方的建筑都一样，问题到底出在哪儿了。这样的建筑无法告诉我们关于特定地区以及住在那里的人的故事。它们不再拥有意义。

近些年，一些建筑师尝试建造出具有地方特色的现代建筑，这些建筑可以向我们讲述它们所在的地方以及它们如何适应当地条件的重要故事。

有一个来自澳大利亚的有趣例子。澳大利亚的很多房子似乎可以出现在世界上任何地方，比如下面这座房子：

一座澳大利亚现代住宅的正面立视图

无论是在美国加州还是在英国，或是在德国、加拿大，你都能找到与此大同小异的房子。

但在不久前，杰出的澳大利亚建筑师格伦·默科特决定为自己设计一座房子。他所做的设计就是使大水箱完全暴露在人们眼前。他用了一种好看而明亮的材料——他并不打算把它们隐藏起来。水箱在澳大利亚的这个地区十分重要，因为这里很少下雨，所以如果你想浇灌花园，或是舒舒服服地泡个澡，都需要自己供水。

这座房子的形状有点像剪羊毛用的羊舍，这一点也是有意义的，因为这个地区的经济以绵羊为基础，附近有许多剪羊毛用的羊舍。

格伦·默科特，袋鼠谷住宅，澳大利亚新南威尔士州

房子的窗户很大，可以完全打开，这样室内和室外就好像是相通的——这一点很棒，因为一年中有 9 个月，这里的傍晚都温暖宜人。水箱、房子的形状和大窗户在共同诉说：

这座房子位于一个特定的地方——它与世界上很多地方完全不一样。

现在让我们来看建筑如何与当地环境紧密相连的另一个例子。德国柏林有很多博物馆。在那里，你能看到的最令人称绝的建筑是一座古希腊神庙的遗迹：

佩加蒙博物馆，德国柏林，博物馆岛，1910–1930年

它的中间有一段又宽又高的阶梯，两侧各是一座向外伸出的带有柱子的侧厅。

不久前，博物馆想要扩建。负责此项目的建筑师大卫·奇普菲尔德想出了一个绝妙的主意：让新的建筑与博物馆最著名展品的设计相呼应。这座新建筑是某种人们熟悉的事物的现代版本。它也有柱子和阶梯——就像那座古希腊神庙——但柱子是明显的当代风格，因为它们是方形的，而不是圆柱形，并且要纤细得多。

新的建筑给人一种亲切感，但它不是神庙遗迹的复制品。它在讲述自己来自哪里，为什么它会呈现出这个样子，但用的是一种现代的声音。

詹姆斯·西蒙美术馆，德国柏林，博物馆岛，1999-2019年

你还可以在世界上历史最悠久的城市之一看到这个理念的运用实例：耶路撒冷。耶路撒冷城可能已经有 4000 年的历史，甚至更久。

这座城市有一条规定：新建筑必须使用与老建筑一样的传统石料，比如下一页上的建筑，它是耶路撒冷的一座旧城门（这座古城曾经有一道完整的环形城墙）。

大马士革门，耶路撒冷，1537年

在现代，当人们要建造新的市政厅时，建筑师使用了同一种石料：

市政厅大楼，耶路撒冷，1993年

入口两侧各有一座塔楼，这一点也与旧城门相似。这样一来，市政厅就不是任何地方都可能出现的千篇一律的建筑了——它出现在这里，才是最合理的。

接下来，让我们环绕地球，来到与印度隔海相望的岛国：斯里兰卡。在斯里兰卡首都科伦坡，政府需要建一座新的议会大楼。对任何国家而言，这都是一个重大决定：政府的主要建筑应该是什么样的呢？

每个人都希望大楼看起来很现代，但他们也想让它成为当地景观的一部分。首先，建筑师们仔细研究了一座古老的传统建筑——觐见大殿：

康提王朝皇宫觐见大殿，斯里兰卡康提，1783—1875 年

数百年前，国王正是在这里接见大臣，商讨如何治理国家等要事。

在仔细研究了这座重要的古建筑之后，建筑师杰弗里·巴瓦设计出了下面这座深受传统设计影响的现代版“觐见大殿”。

斯里兰卡新议会大楼，斯里贾耶瓦德内普拉科特，斯里兰卡科伦坡，1979–1982年

首先，他们采用了同一种样式的屋顶：底部坡度较小，越往上坡度越大。其次，他们同样设计了许多柱子，但是用混凝土做的，不是木料。

借助这些设计元素，这座建筑在对我们传达一些非常重要的信息。它说：

我很关心过去，也一直忠于我的历史，我不想忘记我是从哪里来的。但我也很想看看我们现在可以做什么（以及未来可以做什么）。你不需要在过去和现在之间做选择：你可以两者都喜欢。

你可以从下面这座叫作“统一宫”的建筑身上看到类似的表达，它位于越南的胡志明市，曾是南越的总统府邸。

统一宫，越南胡志明市，1962–1966年

这座政府大楼建于 20 世纪 60 年代，与科伦坡的新议会大楼一样，它也想融入现代世界，同时又与过去紧密相连。

大楼正面是新与旧的融合。一排修长的混凝土柱子撑起了一个平顶——就是那种你会在许多现代建筑中看到的设计。

但是仔细看看柱子之间有什么：

统一宫正面的柱子

建筑师在每根现代风格的柱子之间加入了 12 根短杆，按每排 4 根排成 3 行。在柱子之间插上杆子其实并不是新的创意。

实际上，它是一种历史悠久的越南建筑风格。下面这幢古老的越南房子是一个更朴素、更直观的例子：

越南民族学博物馆占族民居，越南河内

所以，虽然统一宫很明显是现代建筑，但它也是传统的。也就是说，它真正属于这里。于是我们又有了一个配方：

人们喜欢那些似乎既记得过去，同时也为未来做好了准备的建筑。

让城市充满活力

在 20 世纪之前，城市的规模比现在要小得多。这是一幅几百年前的伦敦地图：

约翰·罗克，伦敦地图，1741—1745 年

伦敦是那时候世界上最大的城市之一，但你可以在一小时内从城市的一边走到另一边——只要你不在商店橱窗前磨蹭，或是停下来跟朋友闲聊。这就意味着，即使你在城市的正中心，走到郊外的农场、田野和树林也用不了很久。

那时的城市必须保持小规模，因为大多数人唯一的出行方式便是步行（或是跑步，如果你很着急的话）。由于城市很小，所有人、所有事物都紧紧地挤在一起。许多街道看上去是这样的：

古斯塔夫·多雷，《温特沃思街，白教堂》，1872年

假如你住在这条街上，你家隔壁可能就是一家家具店，稍远一点是一个生产玻璃瓶的作坊（楼上是一些公寓），街道尽头则有一家卖啤酒或面包的小店。在街角，你可以看到有人在制作金

属制品或锯木头。人们大多在居住地附近工作，并且与邻居、商店店主都很熟识。你总是会看到熟人，听到他们在聊八卦或是在争吵，于是你很容易了解到他们生活的细节。这样可能会很有趣，但你因此也不会有很多隐私。街道常常脏乱拥挤，每次你走出家门，外面总是人头攒动，会让你有种透不过气的感觉。

之后，一切都变了。

英国伦敦，2020年

这是如今的伦敦地图。刚刚在我们想象中的那个旧时伦敦，可以被轻而易举地放进中间那个深橙色的小圈内。

你得花上一整天（令你筋疲力尽的一天）才能从城市的一边走到另一边，而且你一路上都得很快地走。

城市之所以变得这么大，原因在于交通。火车、地铁、宽阔的马路以及私家车、公交车，因为有了这些便利条件，你可以住在离市中心 20 或 30 英里[1] 远的地方。现代交通发展起来之后，大多数人都搬离拥挤的中心老城，移居到了郊区。

典型的英国郊区

世界各地出现了数百万条与图中的这条街大同小异的街道。事实上，许多国家超过半数的人住在郊区。

1 1 英里约等于 1.6 千米。——编者注郊区的好处是更干净也更安静，你可以拥有更多的私人空间。不过，郊区也有一些十分严重的问题。那里有时候太安静了。当你走出家门，街上却一个人都没有。附近可能没有商店，也没有咖啡馆或餐厅。很多这样的地方被称为“宿舍郊区”——在这些地方，人们只能待在家里睡觉。

商店则集中开在离家很远的购物中心和零售园区，商场门前是巨大而丑陋的停车场：

英国格雷斯，湖畔零售园

大多数人不再住在工作地点附近。工厂和仓库不会出现在郊区，而是被安置在沉闷的工业区，比如西班牙的这个：

西班牙阳光海岸，马拉加，安达卢西亚科技园

只有在那里工作的人才会在里面待上一些时间。也就是说，作为局外人的我们没有机会看到里面是如何运转的。他们可能在制造机翼或是潜水艇，也有可能在生产你最喜欢的饼干——但你永远不会知道到底是什么，因为这一切都被隐藏起来了。

还有很多人仍在市中心工作，可是由于几乎没有人住在那里，许多街道都被高大且千篇一律的办公大楼占领了。

英国伦敦，维多利亚街

这条街在超级大城市伦敦的市中心附近，但没有人会以在这条街上散步为乐。我们对发生在混凝土和玻璃墙背后的事情一无所知。那些事情也许很有意思：人们可能在商讨如何增加乡村地区的蜜蜂数量，或是研究如何使外语学习变得更容易，或是在制作关于中世纪生活的纪录片——可是由于你永远不会走进办公楼，你也就永远不会感觉自己是这些人群活动的一部分。

宿舍郊区，偏远的购物中心，被隐藏起来的工厂，办公楼林立的乏味街道——这种新的组织方式是一场巨大的灾难。没有人住在上班地点的附近，于是我们把大量时间花在了通勤上。（很多成年人表示，通勤是日常生活中最烦人、最令人沮丧的部分。）

这是一种与人隔绝的生活方式，很多人因此感到很孤独。

不过别担心，我们还有一种有趣的替代方案：

一座热闹、紧凑的城市。

如果我们要用一幅图来说明如何打造一座既热闹紧凑又不会让人感觉过于压抑或乏味的城市，它应该是这样一幅图：

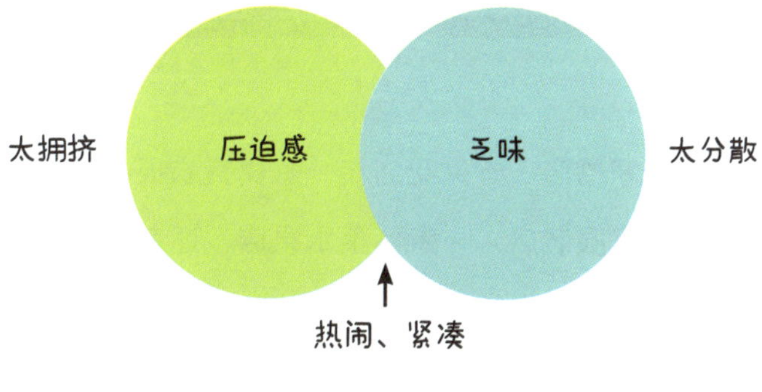

让我们来看看这是怎样的一幅景象。在这条充满活力的街上，有小商店、咖啡馆和餐厅：

英国伦敦，马里波恩住宅区，马里波恩大街

这条街上有一家书店、一家花店和一家卖熨衣板、水壶之类的商店；接着是一家服装店，一家蔬菜水果店，还有一家汉堡店和一家竞赛自行车店。大楼的楼上有一些办公室，但也有不少公寓，所以总是有人进进出出。

如果你住在这里，你可以看到来这儿上班的人，在他们沿街走的时候，你可以看着他们的眼睛，感觉自己与他们息息相关。这才是大多数人喜欢的街道。

英国伦敦，西汉普斯特德，西区巷

问题是，这类街道太少了。所以我们才想出了错误的应对办法：

我们以为我们向往郊区，但其实我们真正渴望的是活力。

另有一个重要的概念可以帮助我们保持城市的活力。一座城市的正常运转离不开各种各样的服务性设施，比如工厂、银行、火车站、水泵站、购物中心等。我们一直默认，这类建筑总是很难看。我们之前没有想到，它们也可以是城市景观的一部分，于是我们便把它们排除在生活区之外了。如今，我们认为住在大工厂隔壁，或是大火车站、购物中心附近，是十分糟糕的事。假如政府通知你，他们要在你家附近建一个水泵站，你可能会觉得这太糟糕了。这些设施都是城市生活的一部分，可是由于它们通常很丑陋，我们总是试图把它们掩盖起来——结果，城市就慢慢变得毫无生气。

我们完全没有必要这样做。在过去，人们尽可能使服务性建筑看起来美观，他们也为此感到自豪。银行常常是最美丽的建筑。爱丁堡的这座大楼一开始是一家银行的总部：

苏格兰银行旧总部大楼，苏格兰爱丁堡，1800—1806年

它看上去漂亮极了，所以把这么一幢雄伟的办公大楼安置在市中心完全不是问题——事实上，它让这座城市更有气势了。

铁路公司也希望他们的火车站雄伟壮观。

美国纽约，中央车站，1903–1913年

这是世界上最繁忙的火车站之一——纽约中央车站的入口，但它的外观给人一种沉静典雅的感觉。

人们为城市拥有清洁饮用水而骄傲，他们当然也希望城市中的水泵站能够展现这种自豪之情，所以他们把水泵站建得很漂亮，像这一座：

弗格森画廊（原珀斯水厂），苏格兰珀斯，1832年

现在看起来很难以置信，这座精致美丽的建筑内部居然摆放着将自来水输送到千家万户厨房和卫生间的机器。它就在城市（苏格兰的珀斯）的中心，它的美赢得了人们的喜爱。

在这座城市里，人们会说：

我在想办法在水泵站附近弄一套公寓呢，但是很难办到，因为大家都想住在那一带。

可悲的是，如今我们几乎无法想象，一座美到让人想住在它附近的水泵站是什么样的。

像银行、车站和水泵站一样，在过去，工厂主也希望他们的工厂是美丽迷人的。这座高大的建筑是格拉斯哥的坦普尔顿地毯厂（如今被称为“绿地上的坦普尔顿大楼”）。

绿地上的坦普尔顿大楼，苏格兰格拉斯哥，1889-1892年

坦普尔顿大楼看上去就像一座宫殿，但它其实是一座生产（你猜中了）地毯的工厂。它坐落在市中心，毗邻公园。如今，我们会觉得把工厂建在公园旁边很不适合。但是，由于工厂主付出了努力，确保了工厂建筑的美观，这反而让这座城市看起来更美了。很多人去公园完全是为了看一看这座建筑。

就连购物中心也可以被设计得富丽堂皇。这座购物中心气派极了，以至于人们很高兴在城市中心看到它：

埃马努埃莱二世长廊，意大利米兰，1865-1877年

把工厂、办公大楼、购物中心和车站变得可爱，意味着它们可以靠近住宅区，不需要把它们赶到偏远而乏味的地方。我们可以把所有的生活和活动都留在城市里。这是一种特别棒的生活

方式，但大多数情况下，我们不能实现这样的理想，因为我们已经忘了如何把服务性设施变得漂亮。其实，我们可以避免这个错误，通过坚守一种理念：

让所有的功能性建筑都变美。

繁忙的小城市有另一个意想不到的好处：紧凑型城市消耗的能源要少得多。如果你住得离上班地点很近，你也许就不需要汽车了，当然也不需要汽油。你甚至可能连公交车都不用坐，直接步行就可以。让一套小巧的城市公寓冬暖夏凉，要比为一幢郊区大房子制暖或制冷要有效得多。你也许从未想到这一点，但是好的建筑和繁忙紧凑的城市为解决世界一大难题提供了重要的解决思路：如何减少能源消耗。

这一点非常重要。当我们为气候变化担忧时，我们很容易把城市视为敌人。但实际上，我们要担忧的只是某些类型的城市。如果我们真的有心，就能够创建既美丽又节能的城市。我们无法摆脱城市——那是不可能的。如果把城市打造得既美丽又有生机，我们就可以直接实现城市的低碳化。这是一个有些另类但至关重要的理念：

美可能是拯救我们星球的关键所在。

重复是好事

在 20 世纪末，建筑界出现了一种令人遗憾的现象，那就是认为每座新建筑都应该拥有独一无二的外观。建筑师们开始认为，新的建筑就应该与众不同。于是便出现了一些十分怪异的建筑……

英国伦敦，芬丘奇街 20 号“对讲机大楼”，2010—2014 年

伦敦的这座大楼被称为“对讲机大楼”，因为它和老式无线电话拥有相似的外形。

“对讲机大楼”，英国伦敦，2010—2014 年

一部对讲机

没错，以前从未有人想过要造一个超大版本的老式移动电话……这座大楼确实独一无二，但它也很奇怪，因为它给人的感觉是，它在大声广播一条稍微有点精神错乱的消息：

所有人注意了！我们所有人都应该想一想 20 世纪 40 年代的军用野战电话。说真的，我在很严肃地对你们说。如果你住在附近或是在这一带工作，我会每天每天地提醒你。我不会允许你忘记的。绝不！

或者，看看这个：

纽瓦克，美国俄亥俄州，1997年

这座建筑在说：

我们信仰篮子！我们热爱篮子！

我们爱篮子爱到了想在一个橙色的大篮子里生活和工作的地步！篮子万岁！

建造一座完全复刻一只篮子的建筑，这种想法真够清奇的。当然了，这是一个独一无二的想法，还有可能会引得你咯咯笑。但是玩笑笑过一次后就不好笑了，而一座建筑是要用很长很长时间的。每天都看到这座大楼，就好像听某人年复一年讲同一个笑话。它可能一度使人发笑，可要是听上一个月，你就得抓狂了。

问题在于，建造看起来非常不寻常的建筑并不符合人们对城市的普遍喜好。我们喜欢并想去的城市通常有很多外形相似的建筑。设计这些建筑的人乐于重复一个好的想法，而这个想法已经被尝试和测试过，并证明行之有效。建造新奇的建筑不是他们的兴趣所在。

以伦敦的这些房子为例：

建于18世纪的排屋

200 年来这种建筑一直受人喜爱。设计它的人并不是一门心思想着建造出独一无二的房子——相反，他们只是沿用了一种十分成熟的模式：他们借用了从建筑“食谱大全”里找到的一种设计。我们常常会觉得模仿是不可取的，但是在建筑领域，模仿是很明智的做法。

巧用配方是有把握地建造美丽的街道和城市的最佳方式。

这是建筑师在建筑“食谱大全”中参考的相关页面。（实际建成的房子与书里的并不完全一样，但非常相似。）

乔治王时代的建筑图

这本建筑书是在 18 世纪由当时的英国政府编写的。

当时，政府派人去各地考察，发现了大多数人喜爱的房子类型，然后他们说：

我们知道什么元素会奏效，让我们重复使用它吧。

这本书解释了在建造房子时你需要做什么——它展现了各式房子的外观应该是什么样的，应该采用什么类型的门、窗和屋顶。然后，政府还制定了一项法律：每位建筑师都要遵循这些配方。

英国巴斯，乔治王时期的排屋

这些建筑规则带来了令人满意的效果。一条条街道都以相似的方式建造了起来，看起来十分和谐。不过，由于建筑师可以对设计进行小的改动，这些房子看起来也并不是从一个模子里刻出来的。这些街道在今天仍十分受欢迎。

在伦敦的这条街道上，建筑师们对配方做了微调，把底层的墙壁设计成了白色。

英国伦敦，伊斯灵顿区，帕金顿街

在下面的例子中，他们把所有窗户设计成了顶部带弧度的样子：

英国伦敦，西敏区

而在这里，他们把街道打造成了可爱的半圆形，并且使用了石头，而不是砖块——但整体上还是遵循同样的规则。

圆形广场，英国巴斯，1754—1768年

世界各地有许许多多不同的但非常优秀的配方，而且每一种配方都被使用过很多次。

比如在巴黎，在很长一段时间里，如何建造公寓大楼有一个清晰明确的配方：

法国巴黎，蒙日路，1852–1870年

整个巴黎有成千上万座公寓楼是用这个配方建造的。

第一步

把商店开在底层。

第二步

在底层上方设置一个夹层，用作商店仓储空间或办公室。

第三步

在夹层上方，必须使用浅色的石头。

第四步

在商店和办公室上方建造一个环绕大楼的铁制栏杆阳台。

第五步

接下来的两层不要使用长阳台，在每扇窗户前安装小小的护栏就好了。

第六步

窗户要设计得很高：像门一样的落地窗。

第七步

在靠近楼顶的地方再建造一个长阳台。

第八步

最后盖上一个灰色的屋顶，阁楼上要开一些窗户。

恭喜！你刚刚建好了一座漂亮的公寓大楼，就像这座：

法国巴黎，圣乔治广场

几乎所有人都认为，巴黎是个美丽的城市，但很少有人明白这是因为巴黎的建筑师们用了一个好配方！

在瑞士伯尔尼，你可以看到建造街道的另一种配方。这个配方的关键步骤是在沿街房子的底层设计宽大的拱廊，这样一来，无论太阳很晒还是突然下起了雨，都可以使来往的行人保持阴凉干爽。

瑞士伯尔尼，杂货店巷

一定要确保拱廊本身就很吸引人：

瑞士，伯尔尼

为了实现这一点，可以在这里开有趣的商店、咖啡馆和餐厅。把天花板设计成拱形，这样会有一种很通透、很特别的感觉。上面的楼层可以设计成公寓和办公室——但是不能太高，三层就够了（有时候也许可以再加一层）。

许多古老的城市都用了这个配方。

法国梅斯，圣路易广场

在上图的例子里，建筑师们把拱廊设在开放式广场旁边，那里会举办各种各样的周末市集活动。

而在下图的例子里，他们在拱廊上方添加了特别的凸窗（往街道一侧凸出），供人们欣赏街景。

意大利博尔扎诺，展览广场

建造美丽城市的秘诀是，使用我们确定能产生良好效果的配方。你不用担心如何想出一个前所未有的点子。相反，你需要做的是，思考美丽城市配方中的一个步骤：

找到你很喜欢的地方，问自己：这里用的是什么配方？

然后，运用你发现的配方，建造更多美丽的房子、小镇和城市。

总 结

为什么房子这么贵

我们对建筑中的“为什么”和“怎么做”的探索已经接近尾声。但在说再见之前，我们还想考虑几个重要问题。

为什么房子这么贵？这个问题似乎困扰着每一个人（就连对建筑没有特别兴趣的人也不例外），因为在人生的某个阶段，几乎所有人都得租房子或是买房子住。而不幸的是，在许多国家，房子和公寓非常昂贵。

六姐妹楼，美国旧金山市

如果我们问，为什么房子这么贵，答案可能与你想象的不太一样。其实并不是建筑物本身要花这么多钱：抬高房价的是建房子的土地。这很令人摸不着头脑，因为世界上显然有很多土地。

下面这张照片是透过飞机的舷窗拍摄的，就在它即将降落在一座拥挤、生活成本高昂的大城市之前。你可以看到，大片大片的土地上几乎看不见房子，没有小镇或村落。为什么不在这里建一座新城市呢？

苏格兰，苏格兰边区，特威德河

原因是这里不允许搞建设。在很多国家，只有极少一部分土地允许建造新建筑，土地的价格因此变得很高。

所以，让我们接着问下一个问题：为什么不允许我们在所有空地上建房呢？因为大多数人认为在美丽的乡村地区大兴土木是一个糟糕的主意，就像在这样一个地方：

英国，北约克郡

建造类似这样的场所：

布雷海德购物中心，苏格兰伦弗鲁，1999年

或是把它变成这样：

加拿大安大略省，万锦市

这很容易理解。房价这么高确实很遗憾，但或许好过糟蹋美丽的原生态景色。这是许多人的看法。

你的大脑现在可能有一些累了，但让我们再问一个问题——最重要的问题：

人们反对的真的是建筑吗？

我们是因为讨厌建筑，所以才想保护乡村（从而使房价居高不下）的吗？如果你好好想一想，答案无疑是否定的。

假如有人说他们要开发这块原生态的湿地，人们会怎么想呢？

意大利威尼斯，威尼斯潟湖

大多数人可能会觉得这个主意挺糟的。但实际上，这正是建立起威尼斯的地方——而很多人认为威尼斯是全世界最美的城市之一，他们很高兴前人创建了威尼斯。

田野和池塘变成了这样：

威尼斯，遥望圣马可广场

威尼斯，里亚尔托桥

如果我们对自己百分百诚实，那么就会意识到我们讨厌的不是建筑，而是丑陋的建筑。问题不在于城市太多了，而是丑陋的城市太多了。

令人震惊的是，我们已经放弃想象我们能够建造美妙、令人愉快、迷人的城市。如果有人说：“让我们建一座新城市吧！”我们不自觉地会想到那些难看的东西——这很奇怪，因为我们知道，在过去完全有可能建造出漂亮的城市。我们只是假设我们做不到同样的事。所以我们小心保护着土地，导致房子和公寓变得极其昂贵。

我们比历史上任何时期都更有钱，建造的建筑物数量也更多，我们还拥有比以往更先进的技术，可事实却是，很久以前的人们建造了我们如今喜爱的城市，我们自己却建造了令人生厌的城市。他们建造了巴黎、爱丁堡、巴斯、威尼斯和许许多多其他迷人的城市，我们自己建造的城市则差得太远了。

问题出在我们的想法。

在这本书中，我们一直在试图找到建造美丽建筑的好点子，以便将来建造出与过去最美的城市一样迷人（甚至更迷人）的城市。如果我们真的做到了，漂亮的房子和公寓就不会这么贵了。

建筑与民主

我们想以民主这个大概念作为结尾。民主意味着问每一个人他们的看法，然后做出大多数人喜欢的选择。想象你在组织一次班级旅行，有两个提议：参观一座农场，或参观一座城堡。同学们该去哪里呢？民主的解决方法是进行一次投票。如果只有四五个人想去农场，而有十五个人想去城堡，那么你们就去城堡。

在选择政治领袖的时候，大多数建筑师都相信民主——但在选择好的建筑的问题上，他们却不相信民主了。我们认为他们可能错了……

我们认为民主的理念能够帮助我们建造更美的城市。

设想一下，有一场关于建筑和城市的投票。你可以请公众就各种各样的住宅、大楼、公共空间甚至整个城镇进行投票！

看一看下面两页上的图，你能否说出你更喜欢哪一张，以及为什么？

你觉得哪座建筑更美？

加利西亚文化城，西班牙圣地亚哥-德孔波斯特拉，2001–2011年

圣母玛利亚广场，意大利罗马，特拉斯提弗列区，约337–352年（在12世纪和19世纪整修）

这两条街呢?

法国巴黎，莫街住宅区，1991年

苏格兰爱丁堡，安斯利街，1822-1858年

在这两组对比图中，我们都觉得大多数人会更喜欢第二张。

假如我们用民主指导建筑，我们可能会建造出更多漂亮的街道和建筑，因为这正是大多数人想要居住的地方。在建筑中实行民主是很有道理的，因为每个人都会日复一日地看到这些建筑。但目前的情况不是这样。建筑影响着每一个人，可我们通常却把关于城市外观的重大决定留给了少数人：我们把决定权留给了职业建筑师。

这是一个大问题。当然了，建筑师通常人都很好。但他们思考建筑的方式不一定与大多数人一样。

如果你问建筑师，他们想建造什么样的建筑，许多人会选择第一个例子。建筑师喜欢的建筑类型常常是别的群体不喜欢的。（两组对比中的第一个例子都是由获了大奖的建筑师设计的——由其他建筑师评选出的大奖。）你觉得为什么会出现这种情况呢？

一般来说，人们在学校里不会接触到建筑学知识，只有少数人进入大学后学习建筑，所以只有那些对建筑特别感兴趣的人才会考虑把建筑作为职业。然后，他们年复一年地与其他建筑师讨论建筑。

建筑师想建造激起其他建筑师兴趣的作品。

这座大楼位于澳大利亚悉尼市。它看上去有点像要倒塌了，或是要融化了。它是由世界上最著名的建筑师之一弗兰克·盖里设计的。

悉尼科技大学周泽荣博士大楼，澳大利亚悉尼，2012–2014年

其他建筑师认为它很有趣，因为它的设计很复杂。他们厌倦了建造美丽而朴素的建筑，想要创造看上去很不寻常、很新奇的作品。

但建筑真正的目标应该是：

建造大多数人喜欢的建筑和城市，并建造许许多多这样的建筑和城市。

如果我们能就人们真正喜欢的建筑类型进行投票，那么城市将会变得更美，会成为人们生活和工作的理想场所。

我们写这本书是想引导你思考建筑，但又不仅仅是思考，或许有一天你真能将这些想法付诸行动，帮助我们建造一个更美丽的世界。我们希望你能做到！

意大利，五渔村（又译为五乡地），马纳罗拉村

索 引

P.1	Michael L. Baird / Flickr
P.2	Cultura Creative RF / Alamy Stock Photo
P.3t	Stephen Dorey / Alamy Stock Photo
P.3b	Image provided by Hannes Coudenys / The Architectural Review
P.4	fokke baarssen / Shutterstock
P.5	Anastase Maragos / Unsplash
P.6	Gugerell / Wikimedia Commons
P.7	ajay_suresh / Flickr (CC BY 2.0)
P.8	Sorasak / Unsplash
P.11	Miranda Ash2006 / Flickr (CC BY-NC 2.0)
P.12	Nils Versemann / Dreamstime
P.13	mTaira / Shutterstock
P.14	BSTAR IMAGES / Alamy Stock Photo
P.15	Rainer Ebert / Wikimedia Commons
P.16t	Bildarchiv Monheim GmbH / Alamy Stock Photo
P.16b	Paul Sableman / Flickr (CC BY 2.0)
P.17	David Iliff (Diliff) / Wikimedia Commons (CC BY-SA 3.0)
P.18	Carol M. Highsmith Archive, Library of Congress/ Wikimedia Commons
P.19	Allen McGregor / Flickr (CC BY 2.0)
P.20	Vinogradova Alyona / Shutterstock
P.21	allOver images / Alamy Stock Photo
P.22	Photo © Neil Poole (neil mp) / Flickr
P.25	Fran Jacquier / Unsplash
P.27	Kinshuk Bose / Unsplash
P.29t	Danichou / Wikimedia Commons
P.29b	Jebulon / Wikimedia Commons
P.30	Alexander Mooi / Flickr (CC BY 2.0)
P.31	Gandolfo Cannatella / 123rf
P.32	Nono vlf / Wikimedia Commons (CC BY-SA 4.0)
P.33	terren in Virginia / Flickr (CC BY 2.0)
P.34	Livioandronico2013 / Wikimedia Commons(CC BY-SA 4.0)
P.35	Glen Bowman / Wikimedia Commons (CC BY-SA 2.0)
P.36l	Andrea Palladio, The Four Books of Architecture, 1570. Internet Archive Book Images / Flickr
P.36r	Andrea Palladio, The Four Books of Architecture, 1570. Internet Archive Book Images / Wikimedia Commons
P.37	robertharding / Alamy Stock Photo
P.38	David Lyons / Alamy Stock Photo
P.39	Brian McNeil / Wikimedia Commons
P.40	Philip Larson / Flickr (CC BY-SA 2.0)
P.41	Yann Forget / Wikimedia Commons (CC-BY-SA)
P.42	John Fielding / Flickr (CC BY 2.0)
P.43	Moonik / Wikimedia Commons (CC BY-SA 3.0)
P.44	Image provided by ONBob and TOBuilt (ACO Toronto)
P.45	Oleknutlee / Wikipedia
P.46t	Robert Stainforth / Alamy Stock Photo
P.46b	Martin Bond / Alamy Stock Photo
P.47	Colin Underhill / Alamy Stock Photo
P.48	AlexZaitsev / Shutterstock
P.49	Darryl Brooks / Shutterstock
P.50	Ice Tea / Unsplash
P.51	Robin Benzrihem / Unsplash
P.52t	Desintegrator / Alamy Stock Photo
P.52b	Bob Linsdell / Wikimedia Commons (CC BY 3.0)
P.53	Alexander Spatari / Getty Images
P.54	Sara Groblechner / Unsplash
P.55	dpa picture alliance / Alamy Stock Photo
P.56	Ma Fushun / Unsplash
P.57	Ingus Kruklitis / Shutterstock
P.58t	Image provided by Vinesh Pomal
P.58b	ACME / Flickr (CC BY-NC 2.0)
P.61	Peter Cook-VIEW / Alamy Stock Photo
P.67	Grzegorz Kordus / Dreamstime
P.68t	Martin. / Flickr (CC BY-ND 2.0)
P.68b	Mr Stan Zemanek / Wikimedia Commons (CC BY-SA 3.0)
P.69	David Kleyn / Alamy Stock Photo.
P.70t	VenusInTaurus / Flickr (CC BY-NC 2.0)
P.70b	Elizabeth Fernandez/Getty
P.71	François Joseph Belanger/The Met
P.72	Harold / Wikimedia Commons (CC BY-SA 3.0)
P.73	Julian Castle / Alamy Stock Photo
P.74	Daryl Mulvihill / Alamy Stock Photo
P.75	Richard Cooke / Alamy Stock Photo
P.76	Alex Atudosie / Unsplash
P.77	Rolls Press/Popperfoto /Getty Images
P.79	Serhii Chrucky / Alamy Stock Photo
P.80	Martell Brighten / Shutterstock
P.82	Josh Hallett / Wikimedia Commons (CC BY-SA 2.0)
P.83	Rodrigo Kugnharski / Unsplash
P.84	Thomon / Wikimedia Commons (CC BY-SA 4.0)
P.85	Jean Béraud, Paris Kiosk, c. 1880-1884. Oil on canvas, 35.5cmx26.5cm. Walters Art Museum, Baltimore, Maryland, USA. Acquired by Henry Walters, 1901. / Wikimedia Commons
P.86	JOHN TOWNER / Unsplash
P.87	Pierre Petit, Baron Georges-Eugène Haussmann (1809-1891), 1860. Bibliothèque nationale de France, Paris. / Wikimedia Commons
P.88	Cinematographer / Shutterstock
P.89	Jon Arnold Images Ltd / Alamy Stock Photo
P.90	Sarbescu Radu / Shutterstock
P.91	Mattinbgn / Wikimedia Commons
P.92	Marco Mariani / Shutterstock
P.93	Panther Media GmbH / Alamy Stock Photo
P.94	Savvapanf Photo / Shutterstock
P.95	Hans Hillewaert / Wikimedia Commons (CC BY-SA 3.0)
P.96	Andrea Cau / Unsplash
P.97	NASA / Flickr
P.98	Arcaid Images / Alamy Stock Photo
P.99	Thomas Hosmer Shepherd, St.Paul's Cathedral, 1829-1831,14.5cmx22cm,Corel Professional Photos / Wikimedia Commons.

P.100	Raquel Moss / Unsplash
P.101	ZGPhotography/Shutterstock
P.102	Clément Bardot / Wikimedia Commons (CC BY-SA 4.0)
P.103l	David Shankbone / Wikimedia Commons (CC BY-SA 3.0)
P.103r	Tony Hisgett / Wikimedia Commons (CC BY 2.0)
P.104	Qwer132477 / Wikimedia Commons (CC BY-SA 3.0)
P.105	Norbert Nagel / Wikimedia Commons (CC BY-SA 3.0)
P.106	seier+seier / Flickr (CC BY 2.0)
P.107	Image provided by David Chipperfield Architects.
P.108t	SCOTTCHAN / Shutterstock
P.108b	BEA Building Products & Clay Solutions / Flickr (CC BY-SA 2.0)
P.109	Picnicin / Wikimedia Commons
P.110	DCornelius/Shutterstock
P.111t	Juhku / Shutterstock
P.111b	I.Friedrich/Shutterstock
P.112	Hans Engbers / Shutterstock
P.113	Photo: HB-061811-R, Chicago History Museum, Hedrich-Blessing Collection. ©2020 Chicago Historical Society, all rights reserved
P.114	imageBROKER / Alamy Stock Photo
P.115	T.W. van Urk/Shutterstock
P.116	brt PHOTO / Alamy Stock Photo
P.117	Photo by Ralph Feiner, provided by Zumthor Vacation Homes
P.118t	PavelShynkarou / Shutterstock
P.118b	Philberndt / Unsplash
P.120	SiefkinDR / Wikimedia Commons (CC BY-SA 4.0)
P.121	© F.L.C. / ADAGP, Paris and DACS, London 2020.
P.122t	Rolls Press/Popperfoto/Getty Images
P.122b	David L Roush / Wikimedia Commons (CC BY-SA 3.0)
P.123t	Dominic Jones / Alamy Stock Photo
P.123b	The Washington Post / Getty Images
P.124	Robert Ruidl / iStockphoto
P.125	Cristo Vlahos / Wikimedia Commons (CC BY-SA 3.0)
P.126	Ilona Kryzhanivska / Alamy Stock Photo
P.127	Mercy / Wikimedia Commons (CC BY-SA 3.0)
P.128	John Mason / Flickr (CC BY 2.0)
P.130	Bmphotographer / Shutterstock
P.131	Anthony Browell, courtesy Architecture Foundation Australia
P.132	Alberto Maisto / Alamy Stock Photo
P.133	Adam Eastland / Alamy Stock Photo
P.134t	Carole Raddato / Wikimedia Commons (CC BY-SA 2.0)
P.134b	Deror / Wikimedia Commons
P.135	Denis Costille/Shutterstock
P.136	U.G.Nuwan Duminda Udalamattha Gamage/Flickr
P.137	Diego Delso / Wikimedia Commons
P.138	Chris Miller / Alamy Stock Photo
P.139	Photo © Quintin Lake, 2010
P.140	Mike Calder / Wikimedia Commons
P.141	Gustave Doré, Wentworth Street., Whitechapel, 1872. Wellcome Collection, London, England
P.142	Flappiefh / Wikimedia Commons
P.143	stocker123 / Alamy Stock Photo
P.144	Justin Kase z12z / Alamy Stock Photo
P.145	Jerónimo Alba / Alamy Stock Photo
P.146	Simon Dack / Alamy Stock Photo.
P.148	Chrispictures/Shutterstock
P.149	Gregory Wrona / Alamy Stock Photo
P.150	Ad Meskens / Wikimedia Commons
P.151	Brandon Nickerson / Unsplash
P.152	Quillpen royalty free stock / Alamy Stock Photo
P.153	Rosser1954 / Wikimedia Commons (CC BY-SA 4.0)
P.154	Leandro Neumann Ciuffo / Wikimedia Commons (CC BY 2.0)
P.156	Valentin B. Kremer / Unsplash
P.157l	Colin / Wikimedia Commons (CC BY-SA-4.0)
P.157r	LuckyLouie / Wikimedia Commons
P.158	Derek Jensen (Tysto) / Wikimedia Commons
P.159	Ron Ellis / Shutterstock
P.160	TBC/The image is taken from John Summerson's 'Georgian London', published by Yale University Press, 1945.
P.161	David Clapp/Getty Images
P.162t	Nicola Ferrari RF / Alamy Stock Photo
P.162b	georgeclerk / Getty Images
P.163	Shuang Li / Shutterstock
P.164	Thierry Bézecourt / Wikimedia Commons (CC BY-SA 3.0)
P.166	Cecile Marion / Alamy Stock Photo
P.167t	Daniel Schwen / Wikimedia Commons (CC BY-SA 4.0)
P.167b	PixHound / Shutterstock
P.168	Fab5669 / Wikimedia Commons (CC BY-SA 3.0
P.169	Westend61 GmbH / Alamy Stock Photo
P.171	Gracie Emory / Unsplash
P.172	Sally Anderson / Stockimo / Alamy Stock Photo
P.173t	Illiyapresents / Unsplash
P.173b	Findlay / Alamy Stock Photo
P.174	Iduke / Wikimedia Commons (CC BY-SA 2.5)
P.175	ChiccoDodiFC/Shutterstock
P.176t	OZGUR TOLGA ILDUN / Alamy Stock Photo
P.176b	Damiano Baschiera / Unsplash
P.179t	Luis Miguel Bugallo Sánchez (Lmbuga) / Wikimedia Commons (CC BY-SA 3.0)
P.179b	Joana Kruse / Alamy Stock Photo
P.180t	Piermanuele Sberni / Unsplash
P.180b	Alison Barr / Flickr
P.182	Paul Lovelace / Alamy Stock Photo
P.183	Jack Ward / Unsplash

图书在版编目（CIP）数据

原来可以这样看建筑 / 英国人生学校出版社编著；
丁侠逊译 . -- 福州：海峡书局，2025.1（2025.7 重印）
（人生学校）
书名原文：What Adults Don't Know About
Architecture
ISBN 978-7-5567-1220-5

Ⅰ . ①原… Ⅱ . ①英… ②丁… Ⅲ . ①建筑学－少儿
读物 Ⅳ . ① TU-49

中国国家版本馆 CIP 数据核字 (2024) 第 105331 号

著作权合同登记号 图字：13-2024-018 号

YUÁNLÁI KĚYǏ ZHÈYÀNG KÀN JIÀNZHÙ
原来可以这样看建筑

编 著 者：英国人生学校出版社
译　　者：丁侠逊
出 版 人：林前汐
选题策划：北京浪花朵朵文化传播有限公司
出版统筹：吴兴元
编辑统筹：尚　飞
责任编辑：林洁如　俞晓佳
特约编辑：宋燕群
装帧制造：墨白空间 · 李　易
营销推广：ONEBOOK
出版发行：海峡书局
社　　址：福州市白马中路15号海峡出版发行集团2楼
邮　　编：350004
印　　刷：河北中科印刷科技发展有限公司
开　　本：710mm × 1000mm 1/16
印　　张：12.25
字　　数：37千字
版　　次：2025年1月第1版
印　　次：2025年7月第3次印刷
书　　号：ISBN 978-7-5567-1220-5
定　　价：52.00元

读者服务：reader@hinabook.com 188-1142-1266　投稿服务：onebook@hinabook.com 133-6631-2326
直销服务：buy@hinabook.com 133-6657-3072　官方微博：@浪花朵朵童书